Merle Meier

Resilienzentwicklung für Führungskräfte

Wie Sie Ihre Handlungsfähigkeit durch Optimierung Ihrer Widerstandskraft gezielt stärken

managerSeminare Verlags GmbH – Edition managerSeminare

Merle Meier
Resilienzentwicklung für Führungskräfte
Wie Sie Ihre Handlungsfähikgeit durch Optimierung Ihrer Widerstandskraft gezielt stärken

Endenicher Str. 41, D-53115 Bonn
Tel: 0228-977910, Fax: 0228-9779199
info@managerseminare.de
www.managerseminare.de/shop

Printed in Germany

ISBN: 978-3-95891-086-7

Herausgeber der Edition managerSeminare:
Ralf Muskatewitz, Jürgen Graf, Nicole Bußmann

Lektorat: Ralf Muskatewitz
Coverfoto: ©depositphotos_OlgaSinenkoBO, Montage: Stefanie Diers
Illustrationen: Stefanie Diers, Merle Meier
Druck: Eberl & Kösel GmbH & Co. KG, Krugzell

Klimaneutral
Druckprodukt
ClimatePartner.com/12027-2101-1001

„Du kannst die Wellen nicht stoppen, aber du kannst lernen, auf ihnen zu reiten.“ – frei nach Jon Kabat-Zinn

Inhalt

Download-Ressourcen zu diesem Buch (Link in der Umschlagklappe)

Einleitung

Nützliche Fragen
Kommunikationsspiele erkennen und „drehen“
4 Kollegiale Fallberatung
In 10 Schritten durch die Kollegiale Beratung
Resilienzentwicklung für Führungskräfte
Handlungsleitlinien für herausfordernde Situationen
Wie entsteht Gesundheit?
3 Gesunde Mitarbeiterführung
Was tun für die Gesunderhaltung meiner Mitarbeiter?
Handlungsleitlinien für typische Führungssituationen

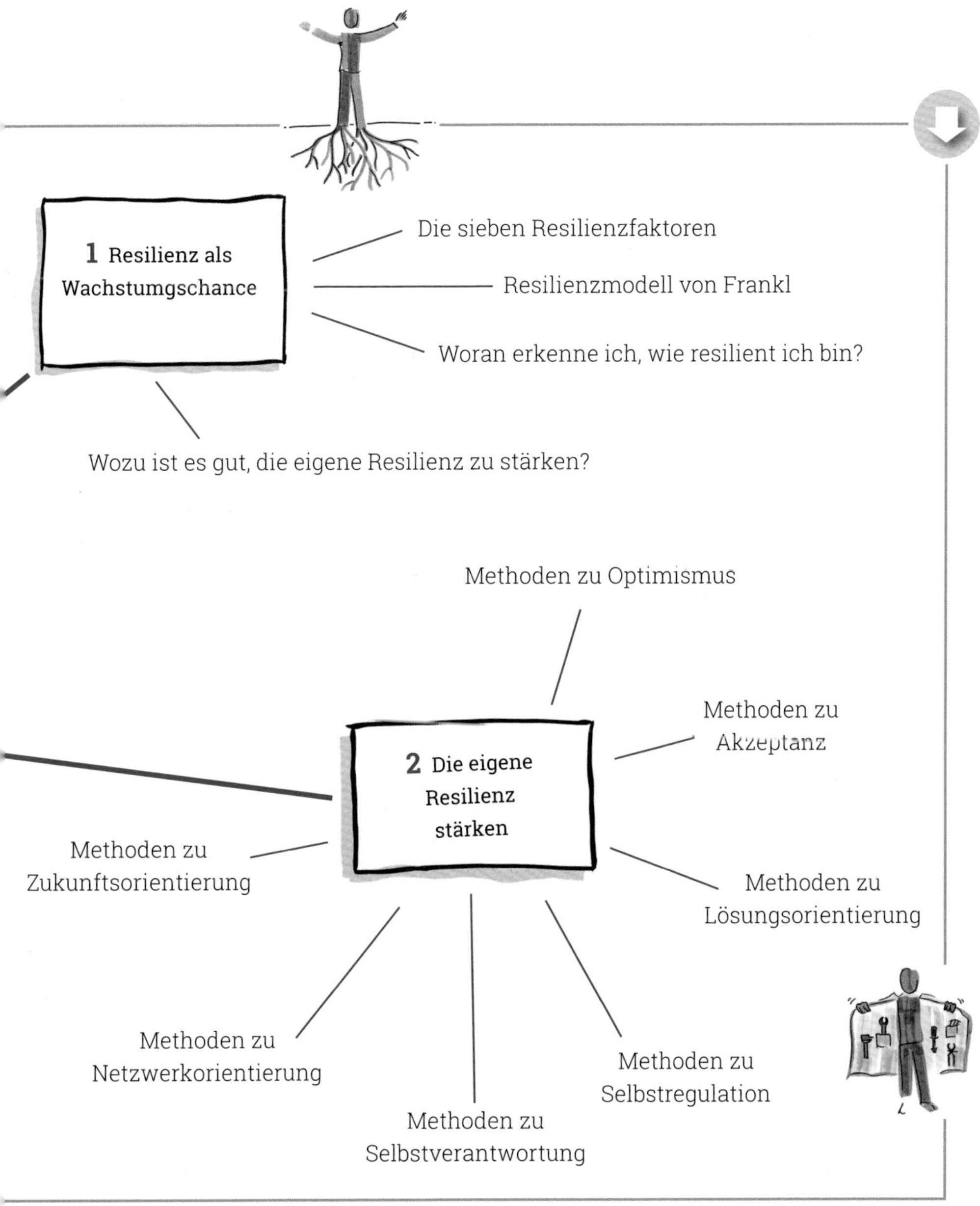
1 Resilienz als Wachstumschance
Die sieben Resilienzfaktoren
Resilienzmodell von Frankl
Woran erkenne ich, wie resilient ich bin?
Wozu ist es gut, die eigene Resilienz zu stärken?
2 Die eigene Resilienz stärken
Methoden zu Optimismus
Methoden zu Akzeptanz
Methoden zu Lösungsorientierung
Methoden zu Selbstregulation
Methoden zu Selbstverantwortung
Methoden zu Netzwerkorientierung
Methoden zu Zukunftsorientierung

Vorwort

Bevor Sie erfahren, was die Inhalte dieses Buches zu bieten haben, möchte ich Ihnen kurz die Frage beantworten, was der Begriff „Resilienz" denn überhaupt aussagt.

Im Lateinischen, Englischen und Deutschen hat Resilienz die folgenden Bedeutungen:

Definition

- Lat. resilire = zurückspringen, abprallen
- Engl. resilience = Elastizität, Spannkraft
- Deutsch = Widerstandskraft, Widerstandsfähigkeit

In der Werkstoffkunde ist Resilienz ein Begriff, der die Fähigkeit eines Werkstoffes beschreibt, sich verformen zu lassen und dennoch wieder in die ursprüngliche Form zurückzufinden. Bildlich lässt sich das mit einem Tafelschwamm vergleichen, wie man ihn in Schulen findet: Man kann ihn zu Boden werfen, man kann darauf treten, dennoch kehrt er immer wieder in seine ursprüngliche Form zurück.

Die psychische Widerstandskraft in uns, auch das „Immunsystem der Seele" genannt, kann damit verglichen werden: Trotz widriger Umstände sind manche Menschen in der Lage, Krisen besser als andere zu bewältigen und sogar gestärkt daraus hervorzugehen. Dieses Phänomen hat gut erforschte Gründe, die wir uns für die eigene Verbesserung unserer Widerstandsfähigkeit zunutze machen können.

Und warum nun ein Buch über die Resilienzentwicklung für Führungskräfte? Haben denn Führungskräfte eine andere Resilienz als normale Arbeitnehmer?

Je höher der Aufstieg auf der Karriereleiter ist, desto schwerwiegender können die Entscheidungen ausfallen, die eine Führungskraft treffen muss. Hieran nicht zu zerbrechen, sondern trotz der Angst vor möglichen Konsequenzen gut in die eigene Kompetenz zu kommen, dies bedeutet resilientes Führungsverhalten.

Eine weitere große Herausforderung an Führungskräfte ist es, die passenden Rahmenbedingungen zu schaffen, damit auch ihre Mitarbeitenden eine hohe Resilienz entwickeln können, um in ihrem Job sicher handeln zu können. Nach dem renommierten Neurowissenschaftler Gerald Hüther liegen die Kernkompetenzen mit Führungsverantwortung insbesondere in den folgenden drei Bereichen:

- Mitarbeitende ermutigen
- Mitarbeitende unterstützen
- Mitarbeitende inspirieren

Diese drei Grundpfeiler dienen der Entwicklung und dem Erhalt der Resilienz von Mitarbeitenden. Die Führungskraft unterstützt ihre Mitarbeitenden, stark zu werden und zu bleiben. Um dies leisten zu können, muss bei der Führungskraft die Fähigkeit zur Selbstführung und zur Verantwortungsübernahme bis hin zur Emotionsregulation enorm ausgeprägt sein. Für die Führungskraft kann die Entwicklung der eigenen Resilienzfähigkeit somit eine große Hilfe bedeuten, um dauerhaft standhaft und stabil zu bleiben oder sogar noch widerstandsfähiger zu werden.

Was erwartet Sie?

In *Kapitel I* werden Sie sieben wesentliche Resilienzfaktoren kennenlernen. Ihre Einordnung hilft Ihnen, Antworten auf die folgenden Fragen zu finden: „Woran erkenne ich, wie resilient ich bin? Kann ich meine Resilienz erhöhen? Will ich meine Resilienz ausbauen? Wozu ist dies gut? Wie erkenne ich in Bezug auf jeden einzelnen Resilienzfaktor, wie hoch meine Resilienz ausgeprägt ist?"

Wie steht es um Ihre eigene Resilienz als Führungskraft? Im *zweiten Kapitel* dreht sich alles um dieses Thema. Anhand von Übungen zu den jeweiligen Resilienzfaktoren lernen Sie, Ihre eigene Resilienz gezielt zu erkennen und können sie trainieren. Die Übungen lassen sich einfach in Ihren Alltag transferieren und erzielen schnelle Ergebnisse.

Kapitel III beschäftigt sich mit der Resilienz Ihrer Mitarbeitenden. Es geht um gesunde Mitarbeiterführung. Sie erhalten in diesem Zusammenhang einen Fundus an Handlungsleitlinien zu etwas spezielleren Themen wie etwa dem Umgang mit psychisch erkrankten Mitarbeitenden und auch, wie Sie auf resiliente Weise Konfliktgespräche führen. Spätestens nach diesem Kapitel können Sie sich Fragen beantworten, wie: „Wodurch gelingt gesunde Mitarbeiterführung?", „Wie pflege ich einen wertschätzenden Umgang?" Und: „Wie erkenne bei meinen Mitarbeitenden, wann und wie sie Hilfe benötigen?"

In *Kapitel IV* lernen Sie schließlich ein sehr praxisnahes Format kennen, sich ergebnisorientiert unter den Kolleginnen und Kollegen der gleichen Hierarchieebene auszutauschen. Hierfür wird Ihnen das Instrumentarium der kollegialen Fallberatung vorgestellt und der Nutzen des kollegialen Austauschs genauestens beleuchtet. Zudem beinhaltet das Kapitel eine Handreichung für den Einsatz eines 10-Schritte-Modells.

Service

Zu verschiedenen Übungen stehen Ihnen Arbeitshilfen in Form von Downloads zur Verfügung. Bei den jeweiligen Übungen werden Sie entsprechend darauf hingewiesen. Diese können sehr hilfreich sein, um einzelne Gedanken im Bearbeitungsprozess zu verschriftlichen. Außerdem haben Sie die Möglichkeit, sich drei Audiodateien herunterzuladen, die sich für Ihre gezielte Entspannung einsetzen lassen: eine Atemübung, eine Übung zur Körperwahrnehmung und eine Fantasiereise. Zugriff auf alle digitalen Ressourcen zum Buch haben Sie über den Link, den Sie in der inneren Umschlagklappe des Werks finden. Das nebenstehende Icon macht Sie auf zusätzliche Ressourcen aufmerksam.

Link zu den Arbeitshilfen in der Umschlagklappe

Danke schön

Ich möchte mich ganz besonders herzlich bei Dr. Helmut Nowak, Dr. Thorsten Sueße und Sonja Papenfuß bedanken, die mich hinsichtlich der Fragestellungen, welche Themen für Führungskräfte als Unterstützung in diesem Buch besonders sinnvoll wären, begleitet haben. Auch haben mir die intensiven Gespräche mit ihnen einen tiefen Einblick in unterschiedliche Sichtweisen auf das Thema verschafft. Sie waren im Reflexionsfluss äußerst hilfreich.

Ich danke Ralf Muskatewitz, der immer ein offenes Ohr für jegliche Themen hatte, und seinem Team von managerSeminare für die konstruktive und sehr wertschätzende Zusammenarbeit. Durch dieses gute Miteinander hat mir das Arbeiten am Buch noch mehr Freude bereitet.

Mein Dank richtet sich ebenso an alle Führungskräfte, mit denen ich in meinen Seminaren und in Coachings im Austausch war, und die mir ihre Probleme anvertraut haben. Durch diese Erfahrungen und Rückmeldungen konnte ich mein Wissen ausbauen und dieses Buch schreiben – um wiederum Führungskräften eine wirksame Hilfestellung bieten zu können.

1 Resilienz als Wachstumschance

Resilientes Verhalten ist immer dann gefordert, wenn aktuelle Krisen oder Stress-Situationen bestehen. Stressigen Situationen ist man als Führungskraft täglich ausgesetzt. Wie kann es gelingen, ihnen mit Widerstandskraft zu begegnen?

Fröhlich-Gildhoff, Rönnau-Böse (2011) erwähnen in ihrem Buch „Resilienz", Resilienz sei stets an zwei Bedingungen geknüpft:

Bedingungen

- Es besteht eine Risikosituation.
- Das Individuum bewältigt diese positiv aufgrund vorhandener Fähigkeiten.

Einige Fähigkeiten zur Stärkung der Resilienz lassen sich gezielt durch Übung und Bewusstsein trainieren und steuern. Auch Gewohnheiten, die das Verhalten beeinflussen, können verändert werden. (Heller, 2011) Die gezielte Auseinandersetzung mit der eigenen Resilienz soll dazu einladen, bestimmte Bereiche zu hinterfragen und bei Bedarf zu optimieren. Ziel dabei ist es, als Führungskraft die eigene Balance aufrechtzuerhalten und Widerstandskraft in krisenhaften Situationen zu zeigen.

1.1 Die sieben Resilienzfaktoren

Man spricht beim Thema Resilienz häufig über verschiedene Faktoren, die die Widerstandskraft eines Menschen in Stress-Situationen ausmachen. Aus meiner praktischen Sicht möchte ich mich besonders auf die Auslegung von Monika Gruhl stützen. Die von ihr dargelegten sieben Faktoren der Resilienz beschreiben meiner Meinung nach vollumfänglich die Bedeutung des Begriffs. Resilienz kann in drei Grundhaltungen unterteilt werden: *Optimismus*, *Akzeptanz* und *Lösungsorientierung*. Auf deren Basis entwickeln Menschen bestimmte Strategien für ihr Denken und Handeln.

Aus diesen drei Grundhaltungen konnten die folgenden vier Faktoren als charakteristische Fähigkeiten beobachtet und herausgestellt werden (Gruhl, 2010): die *Selbstregulation*, die *Selbstverantwortung*, die *Netzwerkorientierung* und die *Zukunftsorientierung*. Diese sieben Faktoren sind es, die resilientes Verhalten in einem Menschen ausmachen. Doch was steckt genau hinter jedem dieser Faktoren, was zeichnet ihn aus? Im Folgenden werden wir alle sieben Faktoren genauer betrachten. Zugleich haben Sie die Möglichkeit, Ihre eigenen Fähigkeiten zu den spezifischen Resilienzfaktoren während des Lesens zu reflektieren.

1.1.1 Optimismus

„Die wahren Optimisten sind nicht überzeugt, dass alles gut gehen wird, aber sie sind überzeugt, dass nicht alles schiefgehen kann."
– Friedrich Schiller

Die altbekannte Frage, ob das Glas halb voll oder halb leer ist, kennzeichnet die eigene Ausprägung des positiven Denkens. Optimismus bezeichnet die positive Lebenseinstellung hinsichtlich der Erwartung, dass die Geschehnisse sich zum Guten entwickeln und wenden. Es kennzeichnet die innere Einstellung, wie man dem Leben entgegenblickt. Menschen, die optimistisch denken, behalten in schwierigen Lebensphasen trotzdem Hoffnung und Zuversicht. Sie nehmen die Probleme für den Moment so an, wie sie sich darstellen, ohne diese zu bewerten. Sie akzeptieren den gegenwärtigen Moment, auch wenn dieser schmerzhaft ist, und leiten hieraus ihr Handeln ab: Probleme werden analysiert, um Lösungsstrategien zu entwickeln oder auch um zu akzeptieren, dass es (im Moment) keine Lösung gibt. Hierdurch können zukünftig Fehler vermieden werden. Aus der Überzeugung der eigenen gelebten und erfahrenen Wirkungskraft heraus ist es möglich, Optimismus zu entwickeln. Optimistisch denkende Menschen sehen die Ursache in Problemen nicht ausschließlich in sich selbst, sodass sich die Sicht und das Erleben in Bezug auf eine problematische Situation so gut wie kontrollierbar erfahren lässt.

Optimistisches Denken lässt sich trainieren

Optimistisches Denken lässt sich grundsätzlich trainieren und erlernen! Wenn wir kontinuierlich die realistischen Gründe für eigene Erfolge und Misserfolge beleuchten und sie uns vergegenwärtigen, aktivieren wir unser permanent lernendes System. Hierdurch verändern sich die synaptischen Verschaltungen im Nervenzellen-Netzwerk, so Joachim Bauer, Professor am Universitätsklinikum Freiburg (2007).

Es kommt darauf an, wie man genau interpretiert, ob ein Sachverhalt beispielsweise als gescheitert oder gelungen eingeschätzt wird. Es ist die Blickrichtung, die sich entwickelt, wenn man eine Situation beleuchtet und vergegenwärtigt. Die eigenen Gefühle, die daraus entstehen, wirken sich auf zukünftiges Verhalten und Handeln aus. Der US-amerikanische Psychologe Martin Seligman, einer der Protagonisten der Positiven Psychologie, konnte in Studien nachweisen, dass das Motivationsniveau für künftige Leistungen dadurch wesentlich beeinflusst wird. Hieraus lässt sich ableiten, dass der objektive Grund von Erfolg oder Misserfolg häufig schon an den eigenen Erklärungen und Einschätzungen, die man im Vorfeld dafür parat hat, liegt. Optimismus kann also ein immenser Vorteil sein!

Fehlt die Überzeugung hinsichtlich des positiven Gelingens, so hoffen Pessimisten mehr, als dass sie handeln. Indem sie weniger probieren und Eigeninitiative zeigen, wollen sie sich den Frust des Scheiterns ersparen. Aus dieser Passivhaltung heraus bleiben die Erfolgserlebnisse aus. Die fehlenden Erfolge werden vom Pessimisten wiederum als negative Bestätigung gewertet. Das Gefühl, machtlos zu sein und keine Kontrolle zu haben, verstärkt sich. (Nürnberger, Hölzl & Raslan, 2019)

Wer zum Beispiel hofft, anstatt zu handeln, lebt in einer Illusion eines irgendwann eintretenden Ereignisses, das die Gegenwart verdrängt. (Nürnberger, 2013)

Der Psychologe August Flammer (1990) definierte aufgrund dieser Erkenntnisse fünf Rahmenbedingungen zur Steigerung der Selbstwirksamkeit im Sinne von gelebtem Optimismus:

- Festlegung eines bestimmten Ziels
- Akzeptanz dieses Ziels als aktuelles Ziel
- Das Wissen um den Weg, wie dieses Ziel erreichbar ist

- Das Wissen, dass man diesen Weg selbst gehen kann
- Den Weg tatsächlich gehen

Wissenschaftler der Mayo Clinic, USA, fanden heraus, dass eine positive Lebenssicht zum einen gesund hält, zum anderen sogar die Lebenserwartung steigert. Weitere Erkenntnisse waren, dass Optimisten zudem auch besser mit Stress umgehen können. Durch eine optimistische Haltung ist man außerdem weniger depressionsgefährdet. Ein gutes Selbstwertgefühl, Hilfe und Unterstützung durch ein soziales Netzwerk und eine ausreichende materielle Lebensgrundlage sind nachgewiesenermaßen die Schutzfaktoren gegen Krankheit. Durch positives Denken werden diese drei Schutzfaktoren leichter aufgebaut und aufrechterhalten. Glücklich und resilient macht jedoch nur realistischer Optimismus, andernfalls können Selbstüberschätzung und Oberflächlichkeit entstehen.

Wie verhält es sich aber mit dem Satz „Wenn ich vom Negativen ausgehe, kann ich nicht enttäuscht werden"? Pessimistische Mitmenschen sind vorsichtiger und erkennen Gefahren leichter, weil sie diese fokussieren. Sie überschätzen sich auch nicht selbst. Pessimismus ist folglich nicht ausschließlich schlecht und kann hilfreich sein, Gefahren frühzeitig zu erkennen. Rufen Rückschläge eine pessimistische Haltung hervor? Optimisten erleben gleich viele Niederlagen und schlimme Erlebnisse wie Pessimisten. Sie bewältigen diese jedoch besser. Optimisten erleben im Durchschnitt sogar mehr Misserfolge, eben weil sie bei Rückschlägen nicht sofort aufgeben. Dafür verbuchen sie aber auch mehr Erfolge, weil sie manche Situationen nicht als Misserfolge interpretieren. Dies wiederum würde aber ein Pessimist tun. (Nürnberger, Hölzl & Raslan, 2019)

Die positive Psychologie

Die positive Psychologie beschäftigt sich mit der Frage, wie Menschen ihre Stärken und Ressourcen noch besser nutzen können. 1998 schaffte es Martin Seligman, die positive Ausrichtung in den Fokus zu rücken. Hinsichtlich der Arbeitswelt zeigen folgende Fakten die Notwendigkeit:

- Krankmeldungen aufgrund von psychischer Belastung haben sich seit dem Jahr 2000 mehr als verdoppelt.
- Die durch Burnout bedingten Fehltage sind von 2004 bis 2012 um 1.400 Prozent gestiegen (Studie der Bundespsychotherapeutenkammer „Arbeitsunfähigkeit und psychische Erkrankungen 2012", www.bptk.de)

Die positive Psychologie möchte hinsichtlich der Arbeitswelt helfen, dieser besorgniserregenden Entwicklung vorzubeugen. Die Faktoren

Optimismus, Hoffnung, Widerstandskraft, Dankbarkeit, Glück, Selbstwirksamkeit und Flow werden hierfür in den Blick genommen. Hinsichtlich der genannten Faktoren lässt sich erkennen, dass Optimismus unerlässlich ist.

Wenn Sie optimistisches Denken für sich trainieren wollen, helfen Ihnen vielleicht bei allen Problemen, die sich vor Ihnen auftun, die folgenden Reflexionsimpulse weiter:

- Was ist das Gute im Schlechten?
- Lenken Sie den Blick auf Ihre Stärken!
- Vertrauen Sie auf Ihre Fähigkeiten!
- Mentale Subtraktion: Seien Sie dankbar, dass es nicht noch schlimmer kam!

Und denken Sie daran:

- Ablehnung und Kritik haben keine Kontrolle über Sie!
- Sie entscheiden!

1.1.2 Akzeptanz

„Du kannst die Wellen nicht stoppen, aber du kannst lernen, auf ihnen zu reiten."
– frei nach Jon Kabat-Zinn

Die Fähigkeit, Dinge anzunehmen, wie sie sind

Akzeptanz ist die Fähigkeit, Dinge anzunehmen, wie sie sind. Diese Bereitschaft kann sich auf Sachverhalte ebenso wie auf Personen beziehen. Im Leben begegnet man immer wieder Situationen, Problemen oder Personen, die nicht der eigenen Vorstellung entsprechen und einem sogar Leid zufügen. Viele Menschen sind Meister darin, den Schmerz, der genau dieses Leid verursacht, zu verdrängen. Dies liegt in der Angst begründet, den Schmerz tatsächlich zuzulassen und vollumfänglich zu fühlen. Auf den ersten Blick scheint es einfacher, diesen Gefühlen Widerstand entgegenzusetzen, um den Schmerz nicht fühlen zu müssen. Doch was ist die Folge? Ver- und bearbeitet ist das Problem auf diese Weise noch nicht. Es ist lediglich unterdrückt, indem man sich strikt dagegen wehrt, die wahren Gefühle zuzulassen. Irgendwann jedoch, zu einem Zeitpunkt, wenn man nicht damit rechnet, ploppt das längst vergessene, verdrängte Gefühl wieder hoch, und das tut dann erst richtig weh. Dieses gefühlte Leid überträgt sich auf sämtliche Lebensbereiche, einschließlich der beruflichen Ebene. Private Probleme, die schmerzliche Gefühle verursachen, werden mit zur Arbeit getragen und verdrängt. Man ist mit sich nicht im Reinen. Freie und positive Gedanken werden blockiert und die schlechte Laune ist in beruflichen Interaktionen spürbar. Leid als dauerhaftes Gefühl ist länger anhaltend als die nun vorgeschlagene Variante: den Schmerz zuzulassen, damit er verschwinden kann. Man kann dies wie folgt in einer Formel ausdrücken:

Akzeptanzformel

S x W = L.

Das „S" steht für den Schmerz, das „W" für den Widerstand, den man dem Schmerz entgegensetzt, das ergibt „L", Leid. Leid bleibt, wobei aber der Schmerz gehen kann, wenn man ihm keinen Widerstand entgegensetzt. Wie lernt man es jedoch, den Moment so zu akzeptieren, wie er ist, wenn genau dieser so schmerzvoll ist? Die Antwort lautet: durch Annehmen des gegenwärtigen Moments. Wie man den Schmerz annimmt – etwa indem man darüber spricht, es mit sich selbst ausmacht oder beispielsweise therapeutische Hilfe in Anspruch nimmt, – bleibt jedem selbst überlassen. Es kommt darauf an, was für ein „Verarbeitungstyp" man ist. Das Akzeptieren der Gegenwart hat viele Vorteile: Beispielsweise setzt man die eigenen Kräfte frei, die es erlauben, neue Blickwinkel in Betracht zu ziehen.

Der US-Theologe Reinhold Niebuhr hat das treffend in seinem Gelassenheitsgebet formuliert: *„Gott, gib mir die Gelassenheit, Dinge hinzunehmen, die ich nicht ändern kann, den Mut, Dinge zu ändern, die ich ändern kann, und die Weisheit, das eine von dem anderen zu unterscheiden."*

Akzeptanz hilft also, Rückschläge und Misserfolge besser zu verarbeiten. Sie bewahrt einen vor der Ausschüttung zu vieler Stresshormone und dem sogenannten Kopfkino. Mit viel Übung wird es immer einfacher, an die eigene Stärke zu glauben – und man wird sichtlich dafür belohnt, denn: Gelungene Akzeptanz ist die Basis für Zukunftsorientierung, Optimismus und Lösungsorientierung. Um Verantwortung zu übernehmen, das eigene Leben zu gestalten und seine Selbstwirksamkeit zu erhalten ist Akzeptanz die Grundlage.

Wenn Sie eine verbesserte Akzeptanz trainieren wollen, probieren Sie doch einmal diese Reflexionsimpulse:

- Konzentrieren Sie sich auf das, was Sie ändern können!
- Denken Sie daran: Menschen sind unterschiedlich!
- Alle Menschen (auch Ihre Mitarbeitenden) urteilen über Sie!
- Alle Menschen machen Fehler!
- Beherzigen Sie das Motto: „Love it, change it or leave it!"

1.1.3 Lösungsorientierung

„Wenn dir an einer Situation etwas nicht gefällt, dann versuche es zu verändern. Wenn das nicht geht, versuche auszusteigen. Wenn auch das nicht geht, dann bleibt nur die radikale Akzeptanz – love it."
– nach Steve de Shazer

Steve de Shazer und Insoo Kim Berg

Das Wort „Problem" lässt sich aus dem Griechischen herleiten: „Das, was (zur Lösung) vorgelegt wurde." Menschliche Probleme und ihre Lösungen haben kaum etwas miteinander zu tun. Deshalb ist der entscheidende Punkt, sich von Anfang an auf die Lösung und nicht auf das Problem zu konzentrieren. Dieser Ansatz wurde von Steve de Shazer entwickelt, der zusammen mit seiner Frau Insoo Kim Berg die Lösungsorientierte Kurztherapie entwickelte. Ihm zufolge ist es nicht wichtig, das Problem zu lösen, sondern sich von dem Problem zu lösen. In diesem Prozess ist es vielmehr entscheidend, sich die zukünftige Lösungssituation so bildlich wie möglich vorzustellen, ohne dabei das Problem und die ausgelösten, unangenehmen Gefühle zu betrachten. Der Blick auf eine positive Zukunft setzt die nötigen Energien frei, die benötigt werden, um lösungsorientiert zu handeln. (Stobbe, 2014)

Der lösungsorientierte Blick richtet sich auch auf Chancen und Alternativen, denn neue Dinge werden einfach ausprobiert, sofern etwas nicht klappt. Lösungsorientierung ist eine Fähigkeit, die immer hilfreich ist. Tritt man in kritischen Situationen einen Schritt zurück und behält die möglichen Herangehensweisen im Blick, ist die Lösung meist schon offensichtlich. Gerade im beruflichen Kontext ist man permanent mit Aufgaben konfrontiert, die Lösungen erfordern. Die Fähigkeit zur Lösungsorientierung ist vor allem hier ein wichtiges Instrument. Eine typische Aussage für den Resilienzschlüssel „Lösungsorientierung" lautet: „Ich kann Prioritäten setzen, gehe Dinge aktiv an und weiß, welche Möglichkeiten ich habe." (Moskaliuk, 2016)

Reflexionsanregungen (Stobbe, 2014):

- Probleme dürfen Sie nicht blockieren! Gehen Sie lösungsorientiert vor: Vergegenwärtigen Sie sich gedanklich erwünschte Zielzustände! Durch dieses Vorgehen gewinnen Sie mehr Zeit, Energie und Motivation – und Sie handeln eigenverantwortlich.
- Seien Sie überzeugt davon, dass die Ressourcen zur Lösung in Ihnen stecken! Sie müssen Ihnen nur bewusst sein – und dann können Sie sie nutzen.
- Fragen Sie sich, wie die geplanten Veränderungen von anderen gesehen, bewertet und angenommen werden! Dieses Prinzip der Zirkularität entspringt der Systemtheorie.
- Wann ist das Problem nicht aufgetreten? Wie hat sich das angefühlt? Wann hat es sich verändert? Diese gezielten systemischen Fragestellungen lenken die Aufmerksamkeit auf Situationen, in denen das Problem nicht präsent war und ermöglicht den Blick auf verschiedene Verhaltensweisen und den Einfluss bestimmter Situationen.
- Auf einer Skala von 1-10: Zu welchem Erfolg führt der angedachte Lösungsvorschlag? – Sogenannte Skalierungsfragen sind eine Methode für das Vergegenwärtigen von Unterschieden. Hierbei wird der Ist-Zustand gegenüber dem Soll-Zustand verdeutlicht, eine Verbesserung wird durch die Skalierung messbar.

1.1.4 Selbstregulation

„Man muss sich von sich selbst auch nicht alles gefallen lassen!"
– Viktor Frankl

Absichten in Handeln umsetzen können

Die Art, wie Sie mit Ihren Gefühlen und Stimmungen umgehen können und Ihr Vermögen, Ihre Absichten dann auch durch zielgerichtetes Handeln umsetzen zu können, nennt man Selbstregulation. Vor allem nach Niederlagen, Schicksalsschlägen oder Verlusten wird durch die Fähigkeit der Selbstregulation die eigene Gefühlswelt wieder in Balance gebracht, um eben nicht dauerhaft gefrustet zu bleiben oder zu leiden.

Durch die Kraft der Selbstregulation wird man in die Lage versetzt, wieder aufzustehen und weiterzumachen. Dies hat einen besseren Umgang mit Stress im Allgemeinen zur Folge, denn wer in der Lage ist, seine Emotionen zu regulieren, kann diese auch kontrollieren.

Selbstregulation sorgt dafür, dass man seine eigenen Grenzen nicht überschreitet und rechtzeitig für sich sorgt. Sigmund Freud prägte in diesem Zusammenhang die Begriffe Lustprinzip und Realitätsprinzip. „Er bezeichnete Kinder als ‚Lustsucher', also vorwiegend von der Befriedigung ihrer aktuellen Wünsche und Bedürfnisse geleitet, während von psychisch gesunden Erwachsenen die Orientierung ihres Handelns an längerfristigen Zielen und an den Bedingungen der materiellen und sozialen Wirklichkeit erwartet wird." (Coaching Report. Lexikon)

Ist Selbstregulation lernbar?

Nicht jedem fällt Selbstregulation leicht. Wenn sie fehlt, entsteht das Gefühl, die Dinge nicht beeinflussen zu können, sie nicht im Griff zu haben. Es erscheint einem, als habe man einen regelrechten Kontrollverlust, mit dem man nur schwerlich umgehen kann. In solchen Fällen: Treten Sie innerlich einen Schritt zurück. Betrachten Sie die Dinge aus einer anderen Perspektive. Hierdurch lassen sich die Emotionen regulieren, die ansonsten kontraproduktiv wirken. (Warkentin, 2017)

Diese Erkenntnis hilft dabei, Dinge relaxt und mit Abstand zu betrachten und sich auf das wirklich Wichtige zu fokussieren.

Auf dem Weg zur Selbstregulation können Ihnen vor allem Personen aus Ihrem Netzwerk nützlich zur Seite stehen. Nutzen Sie aktiv diese Hilfe! Voraussetzung für die nachhaltige Steuerung von Emotionen ist, sich dieser erst mal bewusst zu werden. Je mehr Sie lernen, sich Ihrer Emotionen bewusst zu sein, umso mehr sind Sie im Laufe der Zeit in der Lage, Ihre Emotionen zu steuern und so selbstbestimmt handeln zu können, trotz möglicher, belastender Umstände. Akzeptanz ist hierfür ein Schlüsselfaktor.

Stellen Sie sich als Reflexionshilfe folgende Fragen:

- Wie werde ich in einem halben Jahr über diesen Sachverhalt denken?
- Wie würde sich eine andere Führungskraft verhalten?
- Was würde ich einer befreundeten Führungskraft raten, die in einer ähnlichen Situation ist?

Vergleichen Sie!

- Wenn Sie etwas sehr belastet, fragen Sie sich: Welche Bedeutung hat dies wirklich in meinem Leben?
- Lohnt es sich, so viel negative Energie darauf zu verwenden? Wie sieht die Situation in einem Jahr aus?

1.1.5 Selbstverantwortung

„Verantwortlich ist man nicht nur für das, was man tut, sondern auch für das, was man nicht tut."
– Laotse

Ihre berufliche Situation, so wie sie sich derzeit darstellt, haben Sie frei gewählt. Somit sind Sie auch für die Konsequenzen Ihrer Wahl selbst verantwortlich. Sie arbeiten freiwillig bei Ihrem Arbeitgeber! Eine provokante Aussage? – Der bekannte Führungsexperte Reinhard K. Sprenger behauptet: Wenn man erkennt, dass man eine bestimmte Situation freiwillig gewählt hat, kann man diese auch wieder abwählen – und zwar jederzeit! Man übernimmt bewusst Verantwortung für sein Leben, mit allen Konsequenzen.

Raus aus der Opferhaltung

Wie motiviert man sich aber genau hierzu? Laut Sprenger ist dies schwer, wenn man sich für einen langen Zeitraum als Opfer der Umstände erlebt hat. Es herrscht dann kaum das Bewusstsein für die eigene Wahlfreiheit vor. Man glaubt, man müsse das tun, was man tut. Bestimmte Umstände stellen die Wahlfreiheit zudem in Frage: Unbewusste, als Tatsachen hingenommene Glaubenssätze aus der Kindheit und Vergangenheit prägen einen nachhaltig („*Darauf habe ich keinen Einfluss, so ist es einfach!*"), ebenso wie die gewähnten Konsequenzen aus Ereignissen des bisherigen Lebens („*Das schaffe ich doch nie!*") und die Macht der Gewohnheit („*Das habe ich schon immer so gemacht!*").

Außerdem beeinflussen einen die Pläne für die Zukunft, die man sich ausmalt. Angst ist auch ein Faktor: Hierdurch entstehen Rechtfertigungen. Nun ist die Situation festgefahren, man fühlt sich, als habe man keine Wahl. Dieser Zustand stellt sich wie eine Selbstentmachtung dar. Der vermeintliche Vorteil dieser Selbstentmachtung ist, dass man sich einreden kann, man sei ja nicht selbst schuld an der Situation, sondern die anderen. „Freiheit wiederum bedeutet Verantwortlichkeit, genau darin könnte der Grund liegen, warum Menschen sich vor ihr fürchten." (Sprenger, 2007) Jede/r kann selbstverantwortlich handeln, unter der Bereitschaft, auch den Preis dafür zu zahlen! Betrachtet man die Gefühlsebene dieses Bereiches, kann man feststellen, dass es nicht die Vorgänge an sich sind, die verletzen und zur Selbstentmachtung führen. Es ist die Art und Weise, wie man darauf reagiert, so Sprenger. Er legt die Frage nahe, ob man sich dafür entscheidet, unglücklich zu sein. Man ist für die eigenen Gefühle genauso verantwortlich wie für die eigenen Gedanken. Beide stehen in enger Verbindung. Warum also nicht den Verstand mit dem Herzen in Einklang bringen? Hierdurch erschafft man sich etwas Neues. Die Frage ist bloß, ob man sich traut, damit ein wenig zu experimentieren.

Gegen die Selbstentmachtung

Konsequenzen hinterfragen

Wenn man bereit ist, eine Entscheidung zu treffen, stellt sich die Frage, wie dieser Entscheidungsprozess genau abläuft. Die erste Hürde, die Sie in diesem Fall überwinden sollten, ist die Angst vor der eigenen Courage. Unangenehme Gefühle, die die Entscheidung ausbremsen, Aspekte, die Unbehagen oder Angst machen, die Frage, was schlimmstenfalls geschehen könnte, sollten Sie eingehend beleuchten. Stellen Sie dem auch die positive Seite gegenüber, anhand der Fragen, welche angenehmen Folgen die Entscheidung haben kann, und was Sie für sich verbessern wollen. Dabei sollten Sie unbedingt Zeitdruck beim Fällen der Entscheidung vermeiden, denn wollen Sie eine gute Entscheidung treffen, sollten Ihr Verstand und Ihr Gefühl zum gleichen Schluss kommen, es sollte sich harmonisch anfühlen. Haben Sie das Ziel stetig vor Augen, zeichnet sich der Weg dorthin deutlicher ab. Malen Sie sich in allen Einzelheiten genau aus, wo Sie hingelangen möchten, so ist die Wahrscheinlichkeit höher, dass Sie es auch schaffen. Und schließlich ist der Glaube daran, was Sie erreichen wollen, von höchster Bedeutung. Denn wie bereits Henry Ford erwähnte: Ob man glaubt, dass man es schafft, oder eben nicht – in beiden Fällen wird man recht behalten.

Die folgenden Fragestellungen führen dazu, dass Sie Ihr Ziel mit allen Sinnen vor Augen haben, das Ergebnis vielleicht sogar erfühlen können. Es fällt Ihnen dadurch leichter, Selbstverantwortung zu übernehmen, da Sie erkennen, wofür es gut ist.

Verantwortlichkeit zeigen, heißt: Motivation aufbringen! Wie motiviert man sich jedoch?

- Denken Sie zuerst darüber nach, was Sie ändern möchten!
- Wie groß ist auf einer Skala von 1-10, Ihre Bereitschaft, sich zu ändern?
- Wenn Sie eine Zahl gewählt haben, denken Sie bitte darüber nach, warum Sie keine kleinere Zahl gewählt haben.
- Stellen Sie sich im Anschluss Ihre Zielvorstellung so vor, als sei sie schon eingetroffen.
- Was wäre nun spürbar, wie wäre das Leben genau?
- Und was ist nun genau, aufgrund dieser ganzen Überlegungen, der nächste Schritt, um das Ziel zu erreichen?

1.1.6 Netzwerkorientierung

„Dein Netzwerk ist dein Erfolg."
– Porter Gale

Netzwerkorientierung – was ist das eigentlich? Wozu braucht man sie? Es gibt verschiedene Formen von Netzwerken. Das soziale Umfeld der Familie ist wohl das bekannteste Netzwerk, doch auch virtuelle Verknüpfungen gehören hierzu, wie beispielsweise Netzwerk-„Freunde" in Facebook oder LinkedIn. Zudem nimmt jeder Mensch am Tag zahlreiche unterschiedliche Rollen ein, wie zum Beispiel als Familienmitglied, Arbeitskollegin, Nachbar oder Partnerin. Manche Beziehungen sind emotional nahe, andere sind distanzierter.

Bindungen schaffen und aufrecht erhalten

Bei der aktiven Gestaltung von Vernetzung geht es darum, Bindungen zu schaffen, zu pflegen und aufrechtzuerhalten, insbesondere zu Menschen, an die wir uns wenden wollen, wenn wir vor Problemen oder Herausforderungen stehen. Die Netzwerkorientierung fungiert als Auffangnetz für Krisen, denn ein Netzwerk, auf das man sich verlassen kann, stärkt die eigene Resilienz. (Resilienz Akademie)

Die Kauai-Studie der Forscherin Emmy Werner (Werner, Smith, 2001) stellte heraus, dass Kinder trotz widriger Lebensumstände in der Lage sind, ein gesundes und erfolgreiches Leben zu führen, wenn sie eine starke Bindung zu einer Bezugsperson haben. Netzwerke unterstützen moralisch und bieten einen Raum für Informationsaustausch. Sie entlasten. Vor allem am Arbeitsplatz ist die Netzwerkorientierung von großer Bedeutung. Durch die Vernetzung sind Mitarbeitende in der Lage, sich gegenseitig zu unterstützen. Dies führt zu Stabilität und einem besseren Betriebsklima.

Im Führungsbereich wird dies oft nicht erkannt, was teilweise mit falsch verstandenem Rollenverständnis zu tun hat: Führungskräfte verstehen sich gerne als „Macher", wollen vieles selbst organisieren und kämpfen sich durch. Die Bitte um Hilfe schätzen sie dabei teilweise als Schwäche ein. Diesen Menschen fällt der Aufbau von starken Bindungen zum beruflichen Netzwerk schwer.

Netzwerkorientierung dient als Schlüssel für mehr Wohlbefinden im Leben: Beziehungen tun gut, durch sie erfährt man Unterstützung, Beistand, Entlastung und gewinnt Energie.

Vorsicht ist bei sogenannten Energieräubern geboten! Es ist wichtig, sich selbst abgrenzen zu können und die eigenen Bedürfnisse zu benennen. Ist das Geben und Nehmen jedoch nicht in Balance und es wird vom Gegenüber nur „genommen" statt auch zu geben, ist zu überlegen, sich konsequent von jenen Menschen zu trennen, die nur Energie rauben, statt zu spenden.

Adam Grant, Organisationspsychologe und Lehrender an der University of Pennsylvania in Philadelphia, hat das Buch mit dem Titel „Geben und Nehmen" geschrieben. Er merkt darin an, dass sich „Geber" oft ganz unten auf der Erfolgsskala befinden: „Das sind die völlig selbstlosen, krankhaften Helfer, die nie Nein sagen können", sagt er. Diese enden, so Grant, dann in der Regel als Fußabstreifer. Die klugen „Geber" hingegen, wissen Grenzen zu setzen. Sie nutzen einen Teil ihrer Zeit für andere, den anderen Teil bewusst für sich selbst. Geber erwarten keine Rückerstattung, knüpfen umfangreiche Netzwerke, die ihnen irgendwann, unerwartet, dienlich sind. Die „Nehmer" wiederum denken vornehmlich an sich, gehen egoistisch durchs Leben. „Mit ihrer Art machen sie sich reichlich Feinde und Neider", kommentiert Grant. „Nehmer steigen zwar schneller auf, aber sie verderben es sich unterwegs mit vielen Menschen. Deshalb stürzen sie auch schneller wieder ab." Der Forscher Grant ist überzeugt davon, dass Eigennutz und Fürsorge so gut wie nicht voneinander zu trennen sind. (Dworschak, 2013)

Um das eigene Beziehungsgeflecht grundlegend zu beleuchten, können folgende Fragestellungen hilfreich sein:

- Wie geht es mir, wenn ich mit einer bestimmten Person meines Netzwerkes in Kontakt bin?
- Was macht die Qualität unserer Beziehung zueinander aus?
- Wer nimmt sich Zeit, mir zuzuhören?
- Wen unterstütze ich und auf welche Weise?

Letztlich kommt es nicht auf die Quantität der Beziehungen an, sondern auf die Qualität. In einem gut funktionierenden Netzwerk weiß man, was man von der jeweiligen Beziehung erwarten kann. Gerade dieses verlässliche Gefühl macht deutlich, wie wichtig die Netzwerkorientierung für die eigene Resilienz ist.

1.1.7 Zukunftsorientierung

„Die Ehrfurcht vor der Vergangenheit und die Verantwortung gegenüber der Zukunft geben fürs Leben die richtige Haltung."
– Dietrich Bonhoeffer

Sich der eigenen Werte bewusst sein

Wenn wir uns in unserem Alltag Erfolg, Glück und Zufriedenheit wünschen, müssen wir die Gestaltung unseres Lebens aktiv in die Hand nehmen. Es bedeutet einen bewussten Umgang mit unseren Visionen, Werten, Bedürfnissen und Gedanken. Was ist uns wichtig? Worüber definieren wir uns? Wie wollen wir wahrgenommen werden? Es ist entscheidend, sich der eigenen Werte bewusst zu sein und die eigenen Stärken und Schwächen zu kennen. In Hinsicht auf die schnelllebige Zeit ist es unumgänglich, seine Visionen und Ziele zu reflektieren.

Im ersten Schritt lohnt es sich, eine Bestandsaufnahme zu machen:

- Wie verbringe ich meine tagtägliche Zeit?
- Komme ich zu den Dingen, die mir wichtig sind?
- Bin ich mit den Menschen zusammen, die mir guttun?
- Sorge ich gut für mich?
- Lebe ich meinen Traum?

Gerade diese letzte Frage gibt uns die Möglichkeit, uns mit unseren Werten auseinanderzusetzen. Die Fragen „Wofür stehe ich, wofür setze ich mich ein?" lassen sich hieraus ableiten. Denn nur, wenn wir Klarheit darüber haben, was uns wichtig ist und warum wir etwas tun, können wir daraus die Kraft ziehen, um auch Schwierigkeiten zu überwinden. Im zweiten Schritt geht es darum, die Zukunftsgestaltung selbst in die Hand zu nehmen: nicht alles dem Zufall zu überlassen, sondern selbst Entscheidungen zu treffen. Man darf sich die Ziele nicht nur vornehmen, nein: umsetzen ist gefragt! Mit klaren Zielvorstellungen und der richtigen Einstellung ergeben sich laut der Resilienzforschung mehr gesundheitliche Ressourcen. Die innere Unruhe lässt zudem nach und man zweifelt weniger, der Antrieb und der innere Halt sind ausgeprägter. Ganz schön viele Vorteile!

SMARTe Ziele

Zur Erreichung der Ziele hilft es, diese nach der Erfolgsformel SMART zu formulieren:

- **S** = spezifisch – Was genau will ich tun? Wie genau gehe ich vor?
- **M** = messbar – Ich lege konkrete Kriterien fest, nach denen ich mein Ziel messen kann.
- **A** = akzeptiert – Es sollte ein von mir gewähltes Ziel sein und nicht aufgrund von Druck entstanden sein.
- **R** = realistisch – Ich sollte es mit meinen Ressourcen erreichen oder entsprechende Fremdressourcen nutzen können.
- **T** = terminiert – Ich lege einen konkreten Umsetzungstermin fest und setze mir Teilziele bei großen Projekten.

Was gilt es dabei zu beachten, damit die Ziele auch erreicht werden? Denn wer kennt es nicht, dass man sich Ziele setzt und sie dann aber nicht erreicht? Man ist zwar gut vorbereitet und weiß, was zu tun ist und man hat eingesehen, dass man etwas ändern möchte. Man kennt die Lösung. Nur die Entscheidung, loszulegen, fehlt. Was ist der Hinderungsgrund? Oft ist in solchen Situationen die Definition des Ziels nicht korrekt. Das Ziel ist dann nicht SMART genug. Geht man aktuelle Ziele im Kopf durch, klingt das zum Beispiel so:

- Ich möchte weniger Überstunden machen.
- Ich möchte abnehmen.
- Ich möchte weniger rauchen.

Wie viel? Was genau? Bis wann? Eines haben alle drei Beispielsätze gemeinsam: Sie sind unspezifisch! Schaut man also sein Ziel einmal genau an und versucht, es nach den SMART-Faktoren zu definieren, ergibt sich eine andere Zieldefinition. Diese könnte beispielsweise lauten:

- Ich möchte ab nächsten Monat nur 42 Stunden wöchentlich arbeiten.
- Bis Ende des Monats habe ich drei Kilo abgenommen.
- Ich möchte bis Ende der Woche nur noch fünf Zigaretten am Tag rauchen.

Die Motivation, das eigene Ziel bis zum Ende zu verfolgen, sollte in jedem Fall intrinsisch sein, man muss es selbst von innen heraus wollen. Die Überprüfung, wie attraktiv das Ziel wirklich ist, ist ebenso wirkungsvoll, um die Zielsetzung schneller herbeizuführen. Hilfreich ist, eine Vision davon vor Augen zu haben, was die Zielerreichung bedeutet, wie es sich anfühlt, das Ziel erreicht zu haben, Bilder von sich selbst bei der Zielerreichung zu sehen, wie man lächelt oder erleichtert ist. Spürt man dieses Gefühl intensiv, laufen die Bilder vor einem wie auf einer Kinoleinwand ab. So identifiziert man sich von Beginn an mit der Zielerreichung.

Es geschieht dann fast automatisch, dass das Ziel erreicht wird. Achten Sie dabei besonders darauf, dass das Ziel positiv formuliert wird und möglichst so, als sei es jetzt schon realisiert: in der Gegenwartsform. Der Beispielsatz würde dann lauten:

- Ich arbeite 42 Stunden wöchentlich.
- Ich habe drei Kilo abgenommen.
- Ich rauche nur fünf Zigaretten täglich.

Voraussetzung ist, dass man für sich das Ziel erreichen will, und nicht meint, aus gesellschaftlichem Druck etwas verändern zu wollen oder alte Glaubenssätze wie „Wenn ich Sport mache, werde ich für andere wieder attraktiver sein" die Richtung bestimmen.

Das Rubikon-Modell

Wenn die Zauberformel „SMART" nicht funktioniert, sollte ein Blick auf das Rubikon-Modell gerichtet werden. Sie können das Rubikon-Modell der Handlungsphasen (Heckhausen & Gollwitzer, 1987) „Abwägen", „Planen", „Handeln" und „Bewerten" mit einbeziehen.

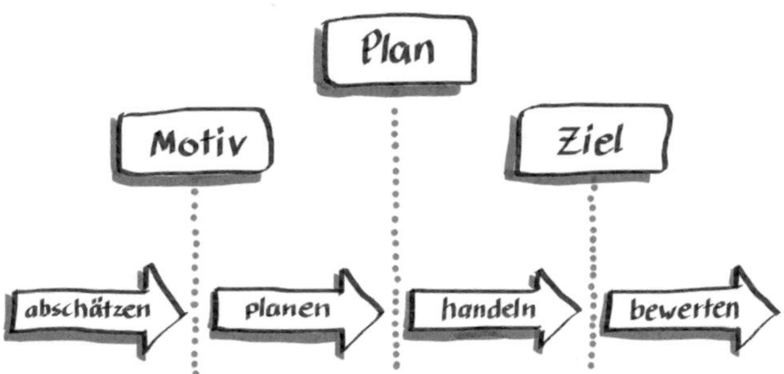

Die Abwägephase der Motivation dient der Bestimmung eines Ziels, einer Absicht. Wählen Sie ein Ziel aus, das Sie verfolgen möchten. Der „Schritt über den Rubikon" ist der entscheidende Schritt der Willensbildung.

- In der Planungsphase geht es darum, wie Sie das, was Sie beabsichtigt haben, erreichen möchten. Sie bereiten sich auf das Handeln vor und arbeiten heraus, wie und unter welchen Umständen Sie handeln wollen.
- Das Handeln wird nun kontinuierlich auf das Ziel ausgerichtet, ohne sich ablenken zu lassen. Das Handeln muss bei auftretenden Schwierigkeiten flexibel an die Umstände und den Handlungsverlauf angepasst werden.
- Mit der Erreichung oder Nichterreichung des Ziels tritt die Phase des Bewertens ein. War Ihre Handlung ein Erfolg oder nicht? Sind Nachbesserungen erforderlich oder muss das Ziel verändert werden? Worauf ist der Erfolg oder Misserfolg zurückzuführen?

Die Frage nach der Zielbestimmung lässt sich um die Analyse der eigenen Bedürfnisse erweitern. (Storch, Krause, 2007) Als Frage kann hilfreich sein: „Welche Bedürfnisse leiten mich?"

Arbeiten Sie das Ziel als positives, ressourcenvolles Bild aus, fassen Sie es zu einem Motto zusammen, das Sie fortan begleitet. Hieraus formulieren Sie ein neues Haltungsziel. Auf dessen Basis lässt sich dann mit SMART weitermachen!

Gerade in dem Aspekt der Zukunftsorientierung fließen alle Aspekte aus den sieben Faktoren zusammen. Denn eben diese Faktoren braucht es, wenn Sie in (Lebens-)Krisen stecken und sich neu ausrichten müssen. Nun ist es an der Zeit, dass Sie als Ergänzung ein anderes Resilienzmodell einer bedeutenden Person kennenlernen: Viktor Frankl, ein österreichischer Neurologe und Psychiater, der das Konzentrationslager überlebte und 1946 das Buch schrieb „Trotzdem Ja zum Leben sagen". Er lehrte unter anderem über den Lebenssinn des Menschen. Das Resilienzverständnis Frankls wird im folgenden Kapitelabschnitt näher ausgeführt.

1.2 Resilienzmodell von Viktor Frankl

Nach Frankl gestaltet sich der Mensch seine eigene Balance. Hierzu hat er ein Modell entwickelt, das logopädagogische Säulenmodell, das in Form eines griechischen Tempels dargestellt ist. Die erste Säule seines Tempels wird mit „Leistungsfähigkeit" beschrieben, die mittlere als „Liebesfähigkeit" und die Säule rechts außen als „Leidensfähigkeit". Das Dach stellt den „Sinn des Lebens" dar. Der Tempel ruht auf dem Fundament, dem „Willen zum Sinn" und die „Freiheit des Willens". Der Fundamentstein, die „Freiheit des Willens", besagt, dass die Freiheit des Menschen selbstverständlich nicht eine Freiheit von seinen Bedingungen ist, sei es biologischen, sei es psychologischen oder soziologischen – sie ist vielmehr eine Freiheit des Menschen, gegenüber all den Bedingungen Stellung zu beziehen. (Frankl, 2007)

Das logopädagogische Säulenmodell

Aus dem Willen zum Sinn leitet Frankl sein Motivationskonzept der Logotherapie ab, welches besagt, dass jeder Mensch nach Sinnerfüllung strebt, weil er sich danach sehnt. Die Annahme der Sinnhaftigkeit des Lebens bringt zum Ausdruck, dass das Leben einen bedingungslosen Sinn hat, den es unter keinen Umständen verliert, auch dann nicht, wenn er überschattet ist durch Schuld, Leid oder Tod. (Schechner & Zürner, 2018)

Durch die Wahrnehmung schöpferischer Werte wird die erste Säule, die Leistungsfähigkeit, immer neu motiviert, beispielsweise durch Fantasie, Talente, Leistungen und Kraft. Die zweite Säule ist auf Zuwendung und Kooperation (Bauer, 2009) ausgerichtet, daraus ergibt sich die jeden Menschen bewegende Liebesfähigkeit. Entscheidet der Mensch sich, sein Gegenüber als Feind zu betrachten, schafft er eine negative Atmosphäre und verhindert Begegnung und Beziehung. (Schechner, Zürner, 2018) Die dritte Säule, die die Leidensfähigkeit ausmacht, setzt voraus, dass es manchmal notwendig ist, Frustrationen auszuhalten, um sich daraus diese Fähigkeit abzuringen. Es gibt kein Leben ohne die „tragischen Trias: Leid, Schuld und Tod" (Frankl), und deshalb muss Leidensfähigkeit entwickelt werden, um das Leben in all seinen Facetten bewältigen zu können.

Betrachtet man die sieben Resilienzfaktoren aus diesem Blickwinkel, so bereiten sie uns genau darauf vor: Schwierigkeiten zu überwinden, ohne ihnen zu erliegen.

Frankl sagt, dass Leid zum Menschsein dazugehöre. Ohne Leid gebe es kein Leben. Die Entwicklung der Leidensfähigkeit sei entscheidend, um entsprechend dem Leidvollen begegnen zu können. Vorherrschend sei bei allem, was man tut, einen Sinn zu sehen und zu erleben, um zu überleben.

1.3 Woran erkenne ich, wie resilient ich bin?

Eine Skala von 1-10

In diesem Abschnitt können Sie ein Gefühl für die Ausprägung Ihrer Resilienz entwickeln. Im Folgenden werden die einzelnen Resilienzfaktoren anhand von Fragestellungen erläutert. Stellen Sie sich bei der Beantwortung jedes einzelnen Resilienzfaktors einfach eine Skala von 1 bis 10 vor. Die 1 steht für eine niedrige Ausprägung, die 10 für die höchste. Welche Ziffer geben Sie sich jeweils? Bei einer niedrigen oder geringeren Endziffer können Sie für sich entscheiden, ob es sich lohnt, Ihre Resilienz an dieser Stelle zu stärken.

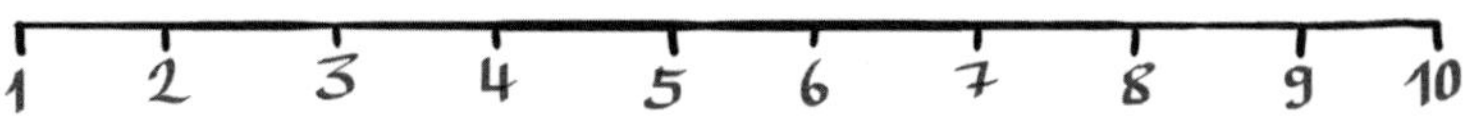

Optimismus

Sind Sie der Überzeugung, dass eine Krise von Ihnen beeinflusst werden kann und sie zudem zeitlich begrenzt ist? Wenn ja, ist genau dies der erste Handlungsschritt zur Veränderung.

Akzeptanz

Nicht alles gelingt im Leben, jeder kennt das. Verletzte Gefühle entstehen durch unerwartete Situationen und Ereignisse. Erlauben Sie sich, auch negative Emotionen, wie Enttäuschung, Wut und Trauer, zu fühlen? Lassen Sie diese Gefühle zu, so öffnen Sie sich dafür, Vergangenes abzuschließen und Neues zu erfahren.

Lösungsorientierung

Fällt es Ihnen leicht, Entscheidungen zu treffen und aktiv nach Handlungsalternativen Ausschau zu halten? Wie gut kennen Sie Ihre Stärken und Schwächen, um für sich neue Wege zu finden?

Selbstregulation

Wie gelingt es Ihnen, verschiedene Perspektiven einzunehmen und Ihre jeweiligen Bewertungen der Situation wahrzunehmen? Schaffen Sie es, sich aus der Opferrolle hinauszuwinden und die Situation neu zu bewerten?

Selbstverantwortung

Gelingt Ihnen eine Differenzierung der Ereignisse? In welchem Setting hätten Sie gegebenenfalls anders agieren können, um für andere Ergebnisse zu sorgen? Auf welche Weise können Sie am besten für sich sorgen?

Netzwerkorientierung

Wer kann Sie unterstützen, wenn Sie Hilfestellung brauchen? Verfügen Sie über ausreichenden und zuverlässigen Halt? Ihr Netzwerk ist Ihr Auffangnetz.

Zukunftsorientierung

Blicken Sie zuversichtlich in die Zukunft und packen Sie das Ziel an? Auf geht´s!

Nun haben Sie einen Überblick darüber erhalten, wie es um Ihre ganz persönlichen Resilienzfaktoren steht, an welchen Stellen Ihre Resilienz vielleicht schon besonders ausgeprägt ist, und wo gegebenenfalls noch mehr oder weniger Handlungsbedarf besteht. Dies führt uns zu der nächsten Frage, die es zu beantworten gilt. Vielleicht stellen Sie sich diese ja bereits selbst: Wozu ist es gut, die eigene Resilienz zu stärken?

1.4 Wozu ist es gut, die eigene Resilienz zu stärken?

Die eigene Resilienz zu stärken bedeutet in erster Linie, sich der eigenen bereits vorhandenen Ressourcen bewusst zu werden, um diese gezielt abrufen zu können.

Eine ausgeprägte Widerstandskraft befähigt unter anderem dazu,

- Probleme zu lösen, ohne daran zu zerbrechen,
- Chancen zu erkennen, die in schwierigen beruflichen und privaten Situationen liegen und
- Herausforderungen als Wachstumschance zu nutzen.

Auf Bewältigungsstrategien zurückgreifen können

Das gezielte Training der Resilienz wirkt im Ergebnis auch präventiv, denn die Resilienzfaktoren verhelfen zu Bewältigungsstrategien, die auch in künftigen Krisensituationen gebraucht werden können. Da auf die eigenen Fähigkeiten vertraut wird, werden Situationen als weniger gefährlich eingeschätzt, was entstresst und ein größeres Wohlbefinden zur Folge hat.

Vorbeugung gegen psychische Erkrankung

In Bezug auf die Arbeitswelt ist Resilienz gerade in der heutigen Zeit unabdingbar, denn: Vermehrte Krankheitstage sind für die Unternehmen und die Betroffenen eine große Belastung. Vor allem die psychischen Erkrankungen haben in den letzten Jahren deutlich zugenommen. Daraus resultieren Arbeitsausfallzeiten mit steigenden Kosten für die Unternehmen. Die zu meisternden Herausforderungen steigen unaufhörlich. Mehr denn je fordert der Beruf, sich an ständig neue Situationen anzupassen. Denjenigen, die resilient sind, gelingt es besser, den Veränderungsprozessen standzuhalten. Ihre „Schutzschicht" im Sinne von Abwehrstärke und Wiederaufstiegsstärke ist ausgeprägter, sodass Dinge auch mal abprallen können.

Führung hat hier eine besonders verantwortungsvolle Rolle

Führungskräfte spiegeln ihren Mitarbeitenden den achtsamen Umgang mit sich selbst: als Vorbild- und Signalfunktion zugleich. Gesunde Führung, die Resilienzentwicklung einbezieht, beginnt bei der Führungskraft und begleitet die Mitarbeitenden auf dem Weg, auch ihre Widerstandskraft zu stärken.

Sie sind Führungskraft, richtig? Dann machen Sie sich im nächsten Abschnitt daran, gut für sich selbst zu sorgen und Ihre eigene Resilienz noch weiter auszubauen. Sie werden sehen, es lohnt sich und ist zugleich eine Investition in Ihre Gesundheit, wovon Sie nicht nur beruflich, sondern generell profitieren werden.

Das folgende Kapitel „Die eigene Resilienz als Führungskraft stärken" bietet Tools für Sie ganz persönlich, die alle sieben Resilienzfaktoren gleichermaßen ansprechen. Sie entscheiden für sich, bei welchem Faktor Sie beginnen möchten. Wenn Sie zum Beispiel festgestellt haben, dass Sie Ihre Akzeptanz erhöhen möchten, schlagen Sie das Akzeptanz-Kapitel auf und entscheiden, welche der vorliegenden Übungen Sie spontan anspricht. Alle sind so strukturiert, dass sie sich schnell und einfach in Ihren (Arbeits-)Alltag übertragen lassen, sodass Sie umgehend beurteilen können, ob und wie Sie davon profitieren.

2 Die eigene Resilienz als Führungskraft stärken

In diesem Kapitel steht Ihnen eine Vielzahl an Methoden zur Verbesserung Ihrer Resilienz zur Verfügung, die Sie zielgerichtet ausprobieren und anwenden können. Die Übungen sind so aufgebaut, dass sie einen direkten Transfer in Ihre berufliche Situation gewährleisten, ohne lange Vorbereitungszeit.

Sich der eigenen Ressourcen bewusst werden

Nacheinander werden Ihnen Methoden zur Stärkung der bereits vorgestellten Resilienzfaktoren angeboten. Für die Faktoren „Optimismus", „Akzeptanz", „Lösungsorientierung", „Selbstregulation", „Selbstverantwortung", „Netzwerkorientierung" und „Zukunftsorientierung" stehen Ihnen jeweils mindestens vier bis fünf Übungen zur Verfügung. Wollen Sie beispielsweise Ihre optimistische Grundhaltung ausbauen, so können Sie direkt die Abschnitte 2.1.1 bis 2.1.5 durcharbeiten und nach Bedarf einige Methoden sofort ausprobieren. Mit dem Thema „Akzeptanz" geht es dann weiter: Methoden hierzu finden Sie in den Abschnitten 2.2.1 bis 2.2.5. Und so weiter.

Möchten Sie einen oder mehrere Bereiche stärken und Ihren Arbeitsalltag erleichtern? Beginnen Sie einfach und probieren Sie es aus! Die Übungen sind so ausgerichtet, dass sich der Erfolg gleich darauf einstellen kann oder Überlegungen in Gang gesetzt werden, die zur Optimierung Ihrer Person als Führungskraft beitragen. Viel Spaß dabei – und vor allem viel Erfolg!

2.1 Methoden zum Faktor Optimismus

Eine positive Grundeinstellung zum Leben kann viele Wege in der eigenen Berufsausübung ebnen. Schauen wir uns kurz an, was die Enzyklopädie der Wertvorstellungen zum Thema Optimismus in Bezug auf unternehmerisches Handeln schreibt:

„In Unternehmen ist neben dem stark etablierten Risikomanagement (Risikodenken, Haftungsangst) ein bestimmtes Maß an Optimismus notwendig, um nachhaltige Ziele zu erreichen, insbesondere dann, wenn in der Zielsetzung moralische und ethische Ansprüche enthalten sind. Optimismus kann mittels eines Leitbilds oder Leitsatzes direkt oder indirekt gefördert bzw. als Maßgabe an alle Beteiligten kommuniziert werden."

Optimismus lässt sich gezielt trainieren. Mit ein wenig Übung kann es gelingen, die Grundhaltung „das Glas ist halb leer" mit der Einschätzung „das Glas ist halb voll" zu ersetzen. Die Übungen in diesem Kapitel sollen dazu aufmuntern, die Blickrichtung mehr auf das Positive zu lenken, sodass dieser Fokus im Arbeitsleben auch auf die Mitarbeitenden übertragen werden kann.

2.1.1 Frederick: Aus einer Geschichte lernen

Anwendungsbereich

Die Geschichte von Frederick, der Feldmaus

Wenn Sie sich auch in schwierigen Zeiten Dinge vergegenwärtigen, die positiv sind und waren, ist es leichter, diese zu überstehen und gestärkt daraus hervorzugehen.

Die folgende analogiebildende Geschichte und die Fragen, die man sich im Anschluss des Lesens stellen kann, lenken den Blick systematisch auf das Positive und entfachen neue Kräfte.

Übung

Nehmen Sie sich bitte kurz die Zeit, um folgende Nacherzählung auf sich wirken zu lassen: die Zusammenfassung der Geschichte „Die Feldmaus Frederick" von Leo Lionni. (Lionni, 2004) Die Fabel über eine kleine Feldmaus, die sich etwas anders als die anderen verhält, bildet inhaltlich gleichermaßen Optimismus wie auch resilientes Verhalten ab. Sinngemäß stellt sich die Geschichte der kleinen Feldmaus aus dem Kinderbuch „Frederick" von Leo Lionni so dar:

Die kleine Feldmaus Frederick

Eine Familie Feldmäuse wohnte in der Nähe einer Scheune und Kornspeicher. Weil der Winter bevorstand, begannen die kleinen Feldmäuse, Körner, Nüsse, Weizen und Stroh zu sammeln. Alle, bis auf die Maus Frederick. Die anderen Mäuse waren irritiert und fragten, warum er nicht arbeite. Frederick antwortete, dass er sehr wohl arbeite: Er sammle Sonnenstrahlen für die kalten, dunklen Wintertage. Die anderen arbeiteten weiter und fragten irgendwann erneut, was er denn nun täte, weil er dasaß und auf die Wiese starrte. Er antwortete, er sammle Farben, denn der Winter sei lang und grau. Und einmal, als die anderen Mäuse dachten, dass Frederick schläft, fragten sie ihn wieder, was er denn mache, ob er nur so dasitze und träume? Frederick verneinte dies, er erwiderte, dass er Wörter sammle, für die Zeiten im Winter, in denen man nicht mehr wisse, was man sprechen solle. Der Winter brach an. Als der erste Schnee fiel, saßen alle Mäuse zusammen in ihrem Versteck, sie hatten in der ersten Zeit noch viel zu essen, sie erzählten sich Geschichten. Sie waren glücklich. Doch allmählich ging das Essen zur Neige, zu sprechen hatten sie auch kaum noch was, es wurde still um sie herum. Da fiel ihnen ein, dass Frederick Sonnenstrahlen, Farben und Wörter gesammelt hatte. Sie fragten ihn, was denn seine Vorräte machten. Er bat die Mäuse, die Augen zu schließen. „Jetzt schicke ich euch wärmende und goldene Sonnenstrahlen, könnt ihr sie spüren?" Und während er erzählte, wurde den Mäusen schon viel wärmer. Was denn mit den Farben sei, wollten die Mäuse wissen. Frederick erzählte von den blauen Kornblumen und roten Mohnblumen im gelben Kornfeld und die kleinen Mäuse sahen die Farben so klar und deutlich vor sich, als wären sie echt. „Und was ist mit den Wörtern?", wollten sie wissen. Daraufhin erzählte Frederick ihnen ein wunderschönes Gedicht. Die Mäuse waren begeistert und sagten, er sei ein wahrer Dichter. Frederick freute sich und bedankte sich bei den lieben Mäusen.

Das Fazit dieser Geschichte?

Die Sonnenstrahlen, die gesammelt wurden, stärken den Rücken in schlechten Zeiten: Das ist gelebte Resilienz und schont Ihre Ressourcen als Führungskraft.

Positive Dinge wahrnehmen können

Sammeln Sie Sonnenstrahlen und Farben in Zeiten, in denen einfach alles gut läuft! Das heißt: Schauen Sie einmal etwas genauer hin und nehmen Sie die positiven Dinge des Lebens bewusst wahr und spüren Sie Dankbarkeit – auch für die kleineren Dinge, etwa wenn sich ein Problem erledigt, wenn Ihnen etwas gut gelingt oder wenn Sie von dem positiven Verhalten einer Mitarbeiterin überrascht wurden.

Zeigt sich das Arbeitsleben dann mal von der schwierigen Seite, holen Sie sich die Sonnenstrahlen zurück, indem Sie sich beispielsweise folgende Fragen stellen:

- Welche Ressourcen und Werte, die ich mitbringe, sind am wertvollsten in Hinsicht auf erfolgreiche Ergebnisse?
- Was funktioniert gut in meinem Arbeitsleben?
- Was war das letzte erfreuliche Ergebnis, welches erlangt wurde?
- Was lief in der Vergangenheit gut?
- Welche Ressourcen haben meine einzelnen Mitarbeitenden?
- Wann haben wir zuletzt gezeigt, dass wir ein unschlagbares Team sind?
- Wie haben mein Team und ich die letzte Herausforderung gemeistert?

Hintergrund

Das Erzählen von Geschichten ist eine der ältesten Formen, Wissen weiterzugeben, vor Gefahren zu warnen oder Menschen für neue Impulse zu öffnen. Insbesondere Fabeln entwickeln eine besondere Kraft, neue Perspektiven zu vermitteln. Mit ihnen können innere Bilder entstehen, Emotionen übertragen und Analogien gebildet werden.

2.1.2 Meine Stärken kennen und ausbauen

Anwendungsbereich

Wenn Sie sich Ihrer Stärken bewusst sind, können Sie Ihr Handeln danach ausrichten und werden ziemlich sicher Erfolgserlebnisse verbuchen!

Wer handelt, beweist Stärke und erzeugt positive Emotionen: Zufriedenheit, Freude, Erfüllung oder Harmonie. Dies ist der Grund, warum Stärken oftmals in Win-win-Situationen auftreten. Eine Stärke ist ein Wert in sich selbst. Die in der Folge aufgezählten 24 Stärken waren und sind in beinahe jeder Kultur der Welt hochgeschätzt. Es lohnt sich, die eigenen Stärken zu identifizieren, um sie nutzen zu können.

Übung

Jede einzelne der gleich vorgestellten Stärken ist in jedem Menschen angelegt, nur in unterschiedlicher Ausprägung. Treffen Sie eine intuitive Entscheidung darüber, welche der Stärken Sie am besten beschreiben würden. Hierfür können Sie auf eine Skalendarstellung zurückgreifen.

Die am höchsten ausgeprägten Stärken liegen Ihnen dann vor. Im Anschluss können Sie sich prüfen, inwieweit Sie Ihre Stärken einsetzen können.

Schritt 1 Denken Sie beim Lesen darüber nach, in welchem Ausmaß die einzelne Stärke auf Sie zutrifft bzw. wie Sie diese Stärke leben. Hierbei kann eine Skalierung von 1 (sehr wenig) bis 10 (sehr stark) hilfreich sein. Notieren Sie sich Ihren Wert. Im Anschluss sollten Sie ein Ergebnis über Ihre am höchsten ausgeprägten Stärken haben.

Neugier auf/Interesse für die Welt

Neugier auf die Welt beinhaltet Offenheit und Flexibilität, und neugierige Menschen lieben die Ungewissheit. Die Neugierde kann spezifisch sein, zum Beispiel das Interesse für die Gartenkräuter. Oder auch globaler Art: mit offenen Augen für alles. Neugierig sein bedeutet, sich aktiv auf etwas Neues einzulassen.

Lerneifer

Lerneifer heißt, es zu lieben, etwas Neues zu lernen – in jeglicher Hinsicht. Für sich allein, in Seminaren, in der Bibliothek ... Lernmotivierte Menschen lassen sich nicht leicht durch Rückschläge oder Misserfolge entmutigen. Durch die hohe Motivation, neue Dinge zu lernen, erlangen sie nicht selten den Status als „Experte/Expertin".

Urteilskraft/kritisches Denken/geistige Offenheit

Geistig offene Menschen durchdenken Dinge von allen Seiten, Urteile werden nicht „aus dem Bauch heraus" gefällt, sondern stützen sich auf Beweise, um Entscheidungen zu treffen. Sie sind fähig, bei neuen Erkenntnissen das eigene Denken zu ändern, statt an einmal getroffenen Überzeugungen festzuhalten.

Originalität/praktische Intelligenz

Praktische Intelligenz drückt die Bereitschaft aus, etwas Neues, aber Angemessenes zu tun, wenn man etwas haben möchte. Die Freude am Unkonventionellen dominiert. Ein anderes beschreibendes Wort ist „Kreativität" oder auch „gesunder Menschenverstand".

Soziale Intelligenz/emotionale Intelligenz

Hier geht es um Wissen oder ein Gespür für sich selbst und andere Menschen. Man nimmt Motive und Gefühle und Bedürfnisse anderer Menschen wahr, kann sie einordnen und adäquat auf sie reagieren.

Weitblick

Es ist der „Blick für das Ganze", die Beschreibung dessen, was der Weisheit am nächsten kommt. Menschen mit Weitblick können andere dabei unterstützen, eine neue Perspektive einzunehmen. Ihre Art, die Welt zu betrachten, ergibt für andere und auch für sich selbst Sinn.

Mut/Zivilcourage

Mut spiegelt den Willen wider, Dinge mit offenen Augen und für wertvolle Ziele anzugehen, derer man sich nicht gewiss ist, und auch die Bereitschaft, auszuprobieren, ob sie sich erreichen lassen. Diese Handlungen werden gegen mächtige Widrigkeiten vollbracht und sie werden universal bewundert, zudem schrecken couragierte Menschen nicht vor Bedrohungen, Herausforderungen, Schwierigkeiten oder Schmerzen zurück. Der tapfere Mensch ist in der Lage, die emotionalen und die Verhaltenskomponenten der Furcht voneinander zu trennen, sich dem Fluchtreflex zu entziehen und sich einer gefährlichen Situation zu stellen – trotz der durch körperliche oder subjektive Reaktionen hervorgerufenen Belastungen.

Durchhaltekraft/Gewissenhaftigkeit/Fleiß

„Was man anfängt, führt man auch zu Ende", ist das Credo gewissenhafter Menschen. Man schafft auch schwierige Projekte „vom Tisch", hält Zusagen ein, leistet oft mehr, jedoch niemals weniger. Der fleißige Mensch ist flexibel, realistisch und nicht perfektionistisch.

Integrität/Authentizität/Ehrlichkeit

Integre Menschen sind aufrichtig, sagen nicht nur die Wahrheit, sondern leben diese auch und stehen mit beiden Beinen fest auf der Erde. Sie stellen ihre Absichten und Verpflichtungen anderen Menschen und auch sich selbst gegenüber aufrichtig dar, in Worten ebenso wie in Taten.

Menschenfreundlichkeit und Großzügigkeit

Wer sich menschenfreundlich verhält, ist anderen gegenüber freundlich und großzügig und tut anderen gern umgehend einen Gefallen. Menschenfreunde haben Freude daran, Gutes zu tun. Sie erkennen und anerkennen den Wert eines anderen Menschen. Empathie und Sympathie sind nützliche Komponenten dieser Stärke. Adam Grant, dessen Einstellung unter 1.1.6 genauer beschrieben wurde, vertritt diesen selbstlosen Ansatz: Durch Empathie und der Eigenschaft des selbstlosen Gebens erlangt man inneren Frieden und ein dankbares Miteinander.

Lieben und sich lieben lassen

Enge und herzliche Beziehungen zu anderen Menschen sind für diese Menschen von hohem Wert. Sofern die Menschen, für die man selbst tiefe und beständige Gefühle hat, einem dasselbe entgegenbringen, ist dies ein Beweis für diese Stärke.

Gerechtigkeit

Diese Stärke zeigt sich in Gruppensituationen und reicht über Beziehungen zu einem Zweiten hinaus. Sie zeigt sich in der Art, wie mit größeren Gruppen umgegangen wird, etwa mit der eigenen Familie, dem Team und der Gesellschaft. Es bedeutet auch Respekt vor Autorität.

Fairness und Ausgleich

Wer diese Stärke in sich trägt, lässt sich nicht so leicht in dem Urteil über andere Leute durch persönliche Gefühle beeinflussen. Jeder erhält eine Chance.

Führungsvermögen (Leadership)

„Leader" sind gut darin, etwas zu organisieren und dafür zu sorgen, dass es auch tatsächlich klappt. Ein guter „Anführer" sollte zuvorderst ein effektiver Anführer sein. Er oder sie muss dafür sorgen, dass die Gruppe ihre Arbeit verrichtet, zugleich hat diese Person für die Aufrechterhaltung guter Beziehungen zwischen den Gruppenmitgliedern zu sorgen.

Selbstkontrolle

Menschen mit dieser Stärke können ihre Wünsche, Bedürfnisse und Impulse, wenn es notwendig erscheint, ohne Anstrengung in Balance halten. Sie sind diszipliniert und können ihre Handlungen gut steuern.

Klugheit/Vorsicht/Ermessen

Sorgfalt kennzeichnet Menschen mit dieser Stärke. Sie sagen und tun nichts, was sie später bereuen könnten. Kluge Menschen können weit vorausschauen und umfassend nachdenken und wohlüberlegte Entscheidungen treffen.

Bescheidenheit

Bescheidene Menschen haben nicht das Bedürfnis, sich besser darzustellen, als sie sind. Die Leistungen sprechen für sich selbst, das Rampenlicht wird nicht gesucht. Menschen mit dieser Stärke halten sich selbst für nichts Besonderes, andere erkennen und schätzen ihre Bescheidenheit.

Transzendenz/Sinn für Schönheit und Vortrefflichkeit

Menschen mit dieser Stärke halten inne, um den Duft von Rosen wahrzunehmen, würdigen Schönheit und Können auf allen Gebieten, teils voll Ehrfurcht und Staunen. Sie können mitunter besonders gut Talent wahrnehmen.

Dankbarkeit

Dankbarkeit prägt das Leben von Menschen mit dieser Stärke. Sie entwickeln ein feines Bewusstsein für all das Gute, was das Leben einem schenkt, ohne es als selbstverständlich zu betrachten. Man nimmt sich immer Zeit, um zu würdigen, was wertvoll und wichtig ist.

Hoffnung/Optimismus/Zukunftsorientierung

Optimistisch geprägte Menschen erwarten in der Zukunft das Beste und planen und arbeiten daran, dies auch zu erreichen. Ihre Haltung in Bezug auf die Zukunft ist positiv. Sie bauen darauf, dass etwas Gutes eintreten wird, fühlen, dass sich etwas Gutes ergibt, wenn sie hart daran arbeiten und für die Zukunft planen. Das ist es, was ihnen im Hier und Jetzt Schwung gibt und was sie in Richtung zielgerichtetes Leben auf den Weg bringt.

Spiritualität/Glaube

Spirituelle Menschen haben feste Überzeugungen vom höheren Sinn und Zweck des Universums. Sie sind sich ihres Platzes in diesem größeren Gesamtbild bewusst und können sich Kraft aus dem Glauben an eine transzendente Quelle ziehen.

Vergeben

Die Bereitschaft, denen vergeben zu können, die einem Unrecht getan haben. Man gibt Menschen eine zweite Chance. Es wird keine Rache geübt.

Humor

Humorvolle Menschen lachen gern und bringen andere gern zum Lachen. Mühelos erkennen sie die humorvollen und netten Seiten des Lebens.

Leidenschaft/Enthusiasmus

Menschen mit dieser Stärke sind energievolle Typen, bringen sich mit Leib und Seele in das, was sie unternehmen, ein. Sie sind inspiriert und voller Vorfreude auf den nächsten Tag.

Schritt 2

Beleuchten Sie das Ergebnis in einem zweiten Schritt nun mit einigen Fragen, die Sie sich selbst stellen:

- Wie lebe ich diese Stärken? Kann ich sie einsetzen?
- Welche Vorteile verschaffen mir die jeweiligen Stärken in meinem Arbeitsleben?
- Vor welchen negativen Arbeitssituationen und -ergebnissen haben meine Stärken mich schon bewahrt?
- Welche der Stärken ist so reizvoll, dass ich sie gern mehr leben würde?
- Welche Stärke würde ich gern ausbauen?
- Wie will ich das umsetzen?
- Welche der Stärken kann ich nicht/kaum im Arbeitsleben ausleben?
- Woran liegt es? Kann und will ich damit leben?

Sind Ihre Stärken im beruflichen und privaten Kontext ausbalanciert, können Sie also Ihre Stärken vollumfänglich leben, dann ist dies die Grundlage für Zufriedenheit und Flow-Erleben: das Hochgefühl, das man im Einklang mit den eigenen Fähigkeiten im Arbeitsprozess erlebt.

Hintergrund

Martin Seligman

Martin Seligman gilt als Begründer der Positiven Psychologie. Er definierte die hier aufgezählten Stärken. (Seligman, 2005)

Charakterstärken-Test

Ein Tipp: Unter http://charakterstaerken.org/ können Sie auf der Seite der Universität Zürich Ihre Charakterstärken online in einem Test auswerten.

2.1.3 Mein perfekter Ruhestand

Anwendungsbereich

Rückschau auf die eigene Karriere

Manchmal ist es leichter, mit einem kleinen Gedankenspiel zu erfassen, was einem wirklich wichtig ist im beruflichen Leben. Fragen Sie sich: Was sind die Punkte, die erfüllt sein müssen, damit ich eine zufriedene Führungskraft bin? Und eine prima Übung dazu ist folgendes Szenario.

Übung

Stellen Sie sich vor, Sie sitzen kurz nach Beginn Ihres Ruhestandes auf Ihrer Parkbank zu Hause und denken an Ihre einzelnen beruflichen Abschnitte. Warum, meinen Sie, ist es gut, sich diese Fragen schon jetzt zu stellen?

Jetzt können Sie es noch beeinflussen!

- Was möchten Sie erzählen können, was Sie beruflich erreicht haben?
- Worauf möchten Sie stolz sein?
- Wie möchten Sie sich rückblickend als Führungskraft sehen, mit welchen Eigenschaften?
- Was hat Sie als Führungskraft ausgezeichnet?
- Was waren Ihre größten Stärken?

Hintergrund

Wenn Sie schon heute eine Vorstellung davon haben, was Sie im Ruhestand rückwirkend über sich als Führungskraft erzählen und denken wollen, dann besteht eine sehr große Chance darin, dass es auch wahr wird! Werden Sie sich darüber bewusst, was Sie später einmal sein und darstellen möchten. Aufgrund der Bewusstmachung allein fokussieren Sie automatisch Ihre Ziele, und der Prozess der Selffulfilling Prophecy (selbsterfüllenden Prophezeiung) wird eingeleitet.

2.1.4 Die fünf Highlights meines Berufslebens

Anwendungsbereich

Fokussiert man sich auf gesetzte Ziele, so ist es sinnvoll, die damit einhergehende positive Wirkung auf das eigene Befinden wahrzunehmen. Durch die Bewusstmachung schafft man hiermit die Möglichkeit, die eigenen Vorhaben tatsächlich zu erreichen.

Übung

Schreiben Sie fünf besonders markante Ereignisse oder Ziele auf. Highlights, die Sie in Ihrem Berufsleben als Führungskraft noch erreichen möchten.

Besonders markante Ereignisse oder Ziele bewusst machen

Denken Sie beim Ausformulieren daran, was noch passieren muss, damit Sie sagen können: „Ich bin in meinem Dasein als Führungskraft vollkommen zufrieden und angekommen." Ihre Notizen können berufliche Veränderungen beinhalten oder einzelne Punkte Ihrer jetzigen Arbeitssituation aufzeigen.

Mit dieser Übung vergegenwärtigen Sie sich konkret Ihrer Wunsch-Ziele. Während Sie diese vor Augen haben, entwickeln Sie die folgenden Fragestellungen:

- Was ist nötig, um die Ziele anzustreben?
- Welchen nächsten Schritt fokussiere ich?
- Welche langfristigen und kurzfristigen Ziele ergeben sich daraus?
- Wie fühle ich mich, wenn ich meine fünf Highlights erreicht habe?

Hintergrund

Durch diesen Prozess der Vergegenwärtigung der einzelnen Schritte streben Sie automatisch die Realisierung Ihrer fünf Highlights an. Und Ihr Leben als Führungskraft wird sich immer öfter als wahres Highlight anfühlen, denn Sie stimmen zudem Ihr persönliches Handeln bereits mit Ihren Stärken und Werten ab.

2.1.5 Ritual: Gedankenübung für ein positives Gefühl

Anwendungsbereich

Beenden Sie Ihren Tag mit einem Ritual

Gerade wenn der Arbeitstag sich dem Ende neigt, fällt einem meist auf, was noch nicht erledigt ist und die Gedanken fangen an zu kreisen ... Machen Sie sich etwas völlig anderes zur Gewohnheit! Beenden Sie den Tag mit einem Ritual.

Übung

Es ist besonders hilfreich, wenn Sie Ihre Gedanken schriftlich festhalten. Am besten methodisch in einer Tabelle. Strikt verboten sind dabei Gedanken über Negatives oder gemachte schlechte Erfahrungen. Nur die positiven Dinge sollten festgehalten werden.

Was war das Positive?	Wie haben Sie sich dabei genau gefühlt?	Wie denken Sie jetzt darüber?

Lassen Sie die Eintragungen in diese Tabelle zu einer Feierabend-Routine werden. Es erleichtert das Abschalten nach Feierabend, sodass es Energien freisetzt für Ihre Work-Life-Balance. Der Fokus liegt auf dem Positiven, sodass Ihre optimistische Grundhaltung mehr und mehr gestärkt wird.

Download-Hinweis: Eine Gefühleliste kann für den Eintrag der zweiten Spalte hilfreich sein. Vorschläge finden Sie im Download-Bereich (Link in der Umschlagklappe).

Hintergrund

Rituale sind strukturierte, sich wiederholende Handlungsabläufe, die Halt und Orientierung bieten und meist auch einen hohen Symbolgehalt transportieren. Ihre letzte „Amtshandlung", während Sie noch an Ihrem Arbeitsplatz sind, sollte sein, Ihren Arbeitstag Revue passieren zu lassen. Gehen Sie in sich und denken Sie darüber nach, was heute alles gut gelaufen ist, sich gut anfühlte oder ansonsten positiv war. Damit schließen Sie gut ab, sind für den Folgetag organisiert und haben noch einmal Gelegenheit, Ihre Tageserfolge zu würdigen.

2.2 Methoden zum Faktor Akzeptanz

Die Enzyklopädie der Wertvorstellungen erwähnt zum Begriff „Akzeptanz“ Folgendes: „Akzeptanz beschreibt die uneingeschränkte Bereitschaft zur Hinnahme eines Sachverhaltes, einer Situation und/oder einer Person (Subjekt, Individuum). Wenn jemand etwas akzeptiert, dann heißt dies, dass er grundlegend einverstanden ist. Die Voraussetzung hierzu ist allerdings, dass der Sachverhalt billigend angenommen wird, also auf Freiwilligkeit beruht. Akzeptanz stellt demnach ein zustimmendes Werturteil dar.“

Akzeptanz ist eine Fähigkeit, sich den eigenen inneren Reaktionen – den körperlichen Reaktionen, Gefühlen, Gedanken und Impulsen – gegenüber zu öffnen und diese so anzunehmen, wie sie sind, ohne sie vermeiden oder weghaben zu wollen bzw. sie verändern zu müssen. Akzeptanz ist aus diesem Grund ein wichtiger Faktor von Resilienz: Durch das Annehmen einer Situation ist es möglich, Stärke zu gewinnen und in die Handlungsfähigkeit zu gelangen.

Hier lernen Sie eine Reihe gut funktionierender Techniken kennen, die Ihnen eine Hilfestellung anbieten, die eigene Akzeptanzfähigkeit zu stärken – generell aber auch für den akuten Bedarf.

2.2.1 Meine Lebens-Werte und ich

Anwendungsbereich

Im Einklang mit der eigenen Intuition sein

Wer sich seiner Werte bewusst ist, kann Entscheidungen bewusster, schneller, Erfolg versprechender und im Einklang mit der eigenen Intuition, dem „Bauchgefühl“, treffen. Hierdurch gewinnt man Klarheit, wodurch sich konsequentere Entscheidungen treffen lassen. Das ist vorteilhaft, denn es lässt sich wertvolle Zeit gewinnen, die sonst mit Gedankenkarussell vertan wäre oder mit dem Zustand, sich nicht entscheiden zu können. Wer sich dagegen der eigenen Werte bewusst ist, akzeptiert ebenso die Werte des anderen – und zwar auch, wenn diese andere sind.

Übung

Es gibt in der deutschen Sprache wenigstens 400 Wertebegriffe. Eine gute Orientierung bietet Ihnen die Website https://www.wertesysteme.de/alle-werte-definitionen/. Dort finden Sie als Hilfestellung eine Übersicht von etwas über 100 der gängigsten Werte. Vergegenwärtigen Sie sich Ihre Werte, indem Sie ein persönliches Ranking vornehmen: Zuerst kreuzen Sie zehn Werte an, die Sie spontan besonders ansprechen, mit denen Sie sich gut identifizieren können. Danach reduzieren Sie diese Anzahl auf fünf, dann auf drei Werte, die Ihnen am meisten zusagen.

Eine Werteliste finden Sie im Download-Bereich

Stellen Sie sich mit Blick auf Ihre drei priorisierten Werte folgende Fragen:

- Wie und in welcher Form lebe ich diese Werte?
- Wie kann ich ggf. einen Wert mehr in mein Leben holen?
- Was machen diese Werte für mich aus?
- Wofür will ich stehen?
- Worauf lege ich Wert?
- Welche Richtung will ich einschlagen?
- Was will ich mit meiner Zeit und Energie anfangen?
- Was hindert mich daran, den Wert oder die Werte so zu leben, wie ich es mir wünsche?

„Wie möchte ich mein Leben gestalten, im Einklang mit meinen Werten?", „Welche Werte möchte ich intensiv leben?" – Wenn Sie über diese Fragen nachdenken, werden Sie bestimmt feststellen, dass die Werte für Privatleben und Berufsleben unterschiedlich sind. Das ist völlig okay und keineswegs verkehrt. Es geht lediglich um die Bewusstheit darüber. Sie können auch einen höheren Wert, der über allen steht, finden. Dieser könnte für Ihre Spiritualität oder Sinnfrage stehen.

Welche Werte möchten Sie leben?

Hier folgt eine Liste berufsbezogener Werte:

- materielle Werte besitzen, Vermögen schaffen
- etwas Bleibendes schaffen
- etwas leisten, sich Herausforderungen stellen
- anderen helfen können
- eine sinnvolle Tätigkeit ausüben
- Karriere machen, Titel erlangen
- Kompetenz, Wissen, intellektuelle Anregungen
- eine interessante, fordernde, abwechslungsreiche Tätigkeit ausüben
- unabhängig sein, selbstständig arbeiten

- Macht, Einfluss und Entscheidungsbefugnisse erlangen und ausüben
- eigene Ideen durchsetzen können
- Autorität besitzen und Verantwortung tragen
- Sicherheit, z.B. eine gesicherte Altersversorgung haben
- zwischenmenschliche Beziehungen, Team, gutes Betriebsklima
- genügend Freizeit und Urlaub
- freie Gestaltungsmöglichkeiten
- soziales Ansehen und gutes Image

Welche Werte fallen Ihnen hier spontan ins Auge? Was ist Ihnen am meisten „wert"?

Hilfreich können beim Überdenken oder bei der Neufindung von Werten folgende Fragestellungen sein:

1. Wo will ich in einem Jahr stehen? Wie sieht dann mein Leben aus?
2. Was soll einmal auf meinem Grabstein stehen?

Werte sind zwar keine Gefühle, dennoch kann das Auftreten von Gefühlen gezielt als Anlass genutzt werden, um Werte zu definieren oder zu überdenken. Gefühle von Traurigkeit und Angst beispielsweise können darauf hinweisen, dass wichtige Werte gefährdet oder verletzt wurden. Wiederum können emotionale Reaktionen wie Lachen oder Rührung aufzeigen, dass ein wesentlicher Wert entstanden ist oder berührt wurde.

Im Folgenden finden Sie Impulse in Form von Satzanfängen, die sich auf Ihr Berufsleben beziehen und möglicherweise auf Ihre Work-Life-Balance übertragen lassen. Wie werden Sie die Satzanfänge zu Ende führen?

Impulse für Ihr Berufsleben

Satzanfänge für Ihr Berufsleben:

- Mich macht glücklich in meinem Job, dass ...
- Hätte ich drei Wünsche auf meiner Arbeit frei, wären das ...
- Ich bin dankbar für ...
- Wenn ich die Dinge auf der Arbeit abgeben könnte, die mich richtig nerven, wären das ...
- Mein schönstes Erlebnis bei der Arbeit war ...
- Mein letztes Mal, dass ich im „Flow" war und unvermittelt die Zeit verging, weil mir die Arbeit Spaß mache, war ...
- Meine Themen, bei denen ich aufblühe, sind ...

Sinn basiert auf Werten. Frankl (2005) beschreibt drei Kategorien überdauernder Werte, die zeit- und kulturübergreifend sind:

- *Schöpferische Werte*: etwas zum Nutzen und zur Freude der Gesellschaft schaffen
- *Erfahrungs- oder Erlebniswerte*: Freude an Beziehungen, an der Natur und der Schönheit der Welt
- *Einstellungswerte*: Selbst wenn uns alles andere versagt bleibt, haben wir immer noch die Wahl, unsere innere Haltung zu verändern

Was ist Ihr *wert*vollster Schatz? Und welchen Ihrer Werte können Sie auf der Arbeit leben und bewahren?

Hintergrund

Werte sind Instrumente zur Orientierung. Diese sollten über den Zielen stehen, die man sich setzt. Denken Sie an ein Ereignis, bei welchem es Ihnen nicht gut ging. Was hat gefehlt? Mit großer Wahrscheinlichkeit hat mindestens einer Ihrer Werte keine Beachtung gefunden.

Wer die eigenen Werte kennt, kann zielgerichtet mehr von dem tun, was einem guttut. Hinsichtlich des Treffens von Entscheidungen und möglichen beruflichen Entwicklungen lässt sich schnell überprüfen, ob es den eigenen Wertvorstellungen entspricht.

Führungskräfte lassen Werte durch das Miteinander (Wie und worüber sprechen wir, wohin weht der Wind?) und durch ihr Handeln als Vorbilder entstehen und wachsen. Dies bildet die Grundlage für den Erfolg eines Unternehmens. Deshalb sollten Werte gut durchdacht sein und entsprechend gelebt werden.

Steven C. Hayes benannte zwei prägnante Sätze zum Begriff „Werte“:

- Werte erlauben die Ausrichtung des Verhaltens auf Konsequenzen, die in der Ferne liegen und unsicher sind.
- Werte sind eine Art „Klebstoff“, der für eine Verbindung zu den verschiedenen Zielen sorgt.

Des Weiteren erläutert Wengenroth zu diesem Thema: „Werte sind positiv definiert. Auf sie zurückzukommen kann insbesondere dann nützlich sein, wenn ein Ziel erreicht ist – oder auch, wenn man gescheitert ist. Bei einer zu starken Fixierung auf Ziele, die nicht mit Werten ‚unterfüttert‘ sind, kann es sonst passieren, dass Misserfolge, aber auch Erfolge zu Orientierungslosigkeit und innerer Leere führen. So kennen viele Menschen die Erfahrung, nach Erreichen eines lang angestrebten Ziels ‚in ein Loch zu fallen', nachdem die erste Freude über das Gelingen abgeklungen ist." (Wengenroth, 2017)

Es ist sehr wichtig, Werte und Ziele voneinander zu unterscheiden, denn sie sind nicht das Gleiche. Ein Ziel kann man entweder erreichen oder verfehlen. Einen Wert jedoch nicht. Es lassen sich aus einem Wert immer neue Ziele ableiten, denn Werte sind wie Richtungen. Erreichte Ziele lassen wir hinter uns, eine Richtung können wir immer wieder anstreben. So ist „Mit dem Rauchen aufhören" beispielsweise ein Ziel, während „Mit anderen Menschen verbunden sein" einen Wert darstellt.

Werte können sich verändern

Jeder Mensch hat Werte, die für ihn wichtig und bedeutsam sind. Diese Werte können von Mensch zu Mensch, auch innerhalb von Familien, Firmen, Parteien etc. unterschiedlich sein. Zudem können sich Werte verändern. Ein Workaholic kann nach einer gravierenden Erkrankung die Werte Familiensinn und Geborgenheit entwickeln: Für diesen Menschen sind die Werte plötzlich, nach einer einschneidenden Erfahrung, andere geworden. Oft verschieben sich auch die Werte einfach nur in ihrer Reihenfolge, hinsichtlich des Rankings. Es ist offensichtlich, dass es uns Menschen gut geht, wenn wir im Einklang mit unseren Werten leben. Schlecht hingegen geht es uns, früher oder später, wenn wir nicht nach unseren Werten leben können. Das kann sich dadurch ergeben, dass unsere Bedürfnisse aufgrund von Mangel, beispielsweise in einer Arbeits- oder Liebesbeziehung, nicht erfüllt werden, wenn eben diese entscheidenden Werte nicht gelebt werden, oder sich nicht vereinbaren lassen. Da Werte frei gewählt sind, stellen sie einen Bereich dar, über den man selbst Kontrolle hat. Bei Werten geht es immer um Dinge, die man prinzipiell durch das eigene Tun beeinflussen kann.

2.2.2 Gewaltfreie Kommunikation: Wertschätzende Kommunikation und Akzeptanz

Anwendungsbereich

Vor allem im Berufsalltag ist ein wertschätzender Umgang miteinander unabdingbar. Die Art und Weise, wie miteinander kommuniziert wird, wirkt sich stark auf die Zufriedenheit im Arbeitsleben aus.

Die Gewaltfreie Kommunikation (GFK), zeigt uns, wie wir unsere Ausdrucksweise und unser Zuhören durch die Fokussierung unseres Bewusstseins auf vier Bereiche beziehen können: auf das, was wir beobachten, fühlen und brauchen und worum wir bitten wollen, um wiederum die Lebensqualität der beteiligten Dialogpartner zu verbessern.

Intensives Zuhören, Respekt und gegenseitige Empathie wird gefördert. Die GFK kann sowohl dafür genutzt werden, um mit sich selbst einfühlsamer umzugehen und auch dafür, persönliche Beziehungen zu verbessern oder zu pflegen, oder auch, um Arbeitskontakte aufzubauen. (Rosenberg, 2016)

Wie schaffen Sie es, eine wertschätzende und zielgerichtete Kommunikation, die beim Gegenüber auf positive Resonanz stößt, zu gewährleisten? Wie können Sie sich dabei selbst treu bleiben und ein friedliches Miteinander sicherstellen? Die im Folgenden erläuterte Gewaltfreie Kommunikation zeigt auf, wie einfach es ist, diese Art der Gesprächsführung anzuwenden.

Übung

Rosenberg schildert ein Beispiel: Sie sind im Meeting zum dritten Mal von Ihrem Kollegen unterbrochen worden. Jetzt reicht es Ihnen und Sie sprechen es an: *„In diesem Meeting fangen Sie jetzt zum dritten Mal an zu sprechen, während ich spreche* (Beobachtung). *Ich bin irritiert* (Gefühl), *weil mir wichtig ist, meine Meinung in einem Stück auszudrücken* (Bedürfnis). *Bitte warten Sie mit Ihrem Einwurf, bis ich ausgeredet habe, ist das okay für Sie* (Bitte)?"

Nutzen Sie den vier Schritte umfassenden Ablauf von Rosenbergs Grundmodell der GFK für konkrete Situationen, die Sie entweder im Nachhinein beleuchten wollen oder gezielt dafür, sich auf Situationen vorzubereiten, die sich herausfordernd für Sie darstellen. Tragen Sie nacheinander die entsprechenden Fakten ein und versuchen Sie danach, einige zusammenhängende Sätze daraus entstehen zu lassen. Am Beispiel des Unterbrechens beim Meeting können Sie sich orientieren. Sollten Ihnen Wörter für Gefühle oder Bedürfnisse fehlen, können Sie sich diese als Hilfestellung downloaden.

Gefühlswörter im Download-Bereich

Beobachten

Beobachten Sie eine ausgewählte Situation, und schildern Sie diese sachlich.

Gefühl äußern

Hören Sie in sich hinein und drücken Sie Ihre damit verbundenen Gefühle mit Worten aus. Als Hilfestellung, Ihre Gefühle zu identifizieren, steht Ihnen im Download-Bereich eine Liste mit Gefühlen zur Verfügung.

Bedürfnis darstellen

Legen Sie die dahinterliegenden Bedürfnisse offen. Hinter Gefühlen stecken Bedürfnisse, die von Grund auf berechtigt und positiv sind. Sie können nur dann negative Gefühle verursachen, wenn sie nicht erfüllt werden. So gesehen sind „negative" Gefühle positiv, da sie Hinweise auf lebensdienliche Veränderungen sind.

Bedürfnisliste im Download-Bereich

Rosenberg unterteilt zwischen neun Grundbedürfnissen, die Ihnen möglicherweise eine Hilfestellung bieten, Ihre Bedürfnisse treffend zu bestimmen. Hier einige Beispiele. Eine ausführlichere Liste mit Bedürfnissen steht Ihnen zum Download zur Verfügung.

- körperliches Wohlbefinden
- Sicherheit
- Liebe
- Empathie
- Kreativität
- Geborgenheit
- Erholung
- Autonomie
- Bedürfnis nach einer Aufgabe

Eine Bitte formulieren

Im letzten Schritt wird daraus eine Bitte an die andere Person, den/die Mitarbeitenden oder auch an einen selbst gerichtet, mit dem Ziel, das geäußerte Bedürfnis zu erfüllen. Diese Bitte freundlich zu formulieren, ist Voraussetzung, damit sie nicht als Forderung aufgefasst werden kann. Das heißt: Sie müssen um ein konkretes Verhalten bitten, das die andere Person direkt ausführen kann, ohne es als Zwang zu empfinden, damit so eine unmittelbare Verbesserung der Situation erzielt wird.

Nach einiger Übung werden Sie feststellen, wie klar und einfach Sie etwas formulieren können und auf wie viel Wohlwollen Ihre Bitte stößt – und zudem den Umgang miteinander verbessert. Die GFK ist ein Instrument, welches Sie sich im täglichen Umgang mit Menschen zunutze machen können, es vereinfacht sogar sonst kompliziert scheinende Absprachen und mindert Unstimmigkeiten.

Hintergrund

Marshall Rosenberg

Der verstorbene US-amerikanische Psychologe Marshall Rosenberg gilt als Entwickler der Gewaltfreien Kommunikation. Rosenberg verstand die wertschätzende Kommunikation als eine Methode zur Verbesserung des zwischenmenschlichen Miteinanders. Gelungene Kommunikation und friedliche Beziehungen entstehen nach seiner Ansicht nur bei echtem empathischen Kontakt. Er war überzeugt, dass die Art und Weise unseres Sprechens die entscheidende Rolle bei unserer Fähigkeit spielt, empathisch zu bleiben.

2.2.3 Atempause

Anwendungsbereich

In Ihrer Position als Führungskraft lässt sich Stress kaum vermeiden. Jedoch können Sie gezielt Atempausen einlegen und so gut für sich sorgen. Diese lassen sich gut umsetzen – egal, wo Sie gerade sind, ob in einem Meeting, im Gespräch mit Mitarbeitenden oder allein im Büro. Legen Sie am besten stündlich eine kleine Atempause ein. Hierbei liegt der Fokus auf der bewussten Atmung und dauert nicht mehr als eine Minute. Und funktioniert sogar im Sitzen!

Übung

Die Übung beginnt mit der Einatmung. Nach dem Einatmen halten Sie den Atem für einen kurzen Moment an. Dieser Zustand heißt „Atemfülle", da die Luft in der Lunge gehalten wird. Dann atmen Sie einige Sekunden lang aus. Nun machen Sie erneut eine kleine Pause. Dieser Zustand heißt „Atemleere", denn die verbrauchte Luft wurde ausgeatmet.

Sitzende Atemübung
Die sitzende Atemübung absolvieren Sie aufrecht auf einem Stuhl. Sie stellen die Beine schulterbreit und im 90-Grad-Winkel auf.

Dann lehnen Sie den Rücken an der Stuhllehne an. Sollten Armlehnen vorhanden sein, legen Sie Ihre Arme darauf ab. Ansonsten legen Sie die Arme einfach in den Schoß.

Atmen Sie dieses Mal bewusst durch die Nase ein und durch den Mund wieder aus. Konzentrieren Sie sich ausschließlich auf das Ein- und Ausatmen. Wiederholen Sie das bewusste Atmen, wenn möglich, eine Minute lang. Andernfalls wenigstens fünf bis zehn Mal.

Eine angeleitete Audiodatei zur Atemwahrnehmung finden Sie im Download-Bereich

Sie werden feststellen, dass Sie sich dadurch zentrieren, Sie wacher und konzentrierter werden und zugleich Ihrer Gesundheit noch etwas Gutes tun. Nutzen Sie kurze Atempausen, so häufig es geht, lassen Sie es zu einer Gewohnheit werden, bewusst durchzuatmen!

Hintergrund

Unsere Atmung hält uns am Leben und ist somit überlebenswichtig, auch wenn sie in der Regel automatisch und unbewusst stattfindet. Bewusstes Atmen beeinflusst Körper und Geist positiv. Vor allem stressige Phasen wirken sich negativ auf unsere Atmung aus: Sie wird hierdurch flach. So gelangt weniger Sauerstoff ins Blut. Um physisch und psychisch gesund zu bleiben, ist eine gesunde Atmung unabdingbar. Ist die Atmung kurz und flach, kann das zu Konzentrationsstörungen,

Bluthochdruck, Verspannungen und Kraftlosigkeit führen. Durch eine erhöhte Sauerstoffzufuhr lässt sich der Blutdruck hingegen wieder senken und gleichzeitig wird der Stoffwechsel angeregt. Durch eine bewusste Atmung ist es möglich, stressbedingten Krankheiten vorzubeugen und gleichzeitig zur Entspannung beizutragen (mehr hierzu finden Sie auf Lernen.net).

2.2.4 Kopfkino ade mit dem Body Scan

Anwendungsbereich

Raus aus der Grübelfalle

Das kennen wir alle: Einschlafprobleme, weil einem die Ereignisse des Tages durch den Kopf gehen, des Nachts wach liegen, auf die Uhr schauen, sich hin- und herwälzen und über die Arbeit nachdenken ... Die Gedanken sind nicht zu stoppen, kehren immer wieder zurück und das Gedankenkarussell dreht sich unaufhörlich. Beim Grübeln dreht man sich im Kreis: Man denkt permanent an das Problem, ohne aber eine Lösung zu finden. Oft fühlt man sich dabei hilflos oder entwickelt Ärger. Doch wie kann man der Grübelfalle entkommen?

Übung

Diese Übung können Sie jederzeit und überall vor, bei und nach der Arbeit durchführen: auf dem Weg ins Büro, im Bus, in der S-Bahn, vor dem PC, bevor Sie ein schwieriges Telefonat führen – wirklich überall! Sie bringt Sie in den gegenwärtigen Moment zurück und unterstützt Sie darin, voll und ganz präsent zu sein!

Setzen Sie sich aufrecht hin – oder machen Sie die Übung in der liegenden Position und nehmen Ihren Körper von unten nach oben bewusst wahr:

- beide Füße
- beide Beine
- das Becken
- das Gesäß
- den Rücken
- den Bauch
- den Brustraum
- die Schultern
- beide Arme
- den Hals
- den Nacken
- das Gesicht

Nehmen Sie abschließend Ihren Körper noch einmal von den Fußsohlen bis zu den Haarspitzen insgesamt wahr.

Diese Übung ist ein regelrechter Kopfkino-Stopper, wenn Sie es schaffen, die Gedanken bewusst weiterziehen zu lassen und sich nach gedanklicher Ablenkung wieder auf den Körper konzentrieren.

Eine angeleitete Audiodatei für den Body Scan finden Sie im Download-Bereich

Hintergrund

Der Body Scan ist eine Übung, mit der Sie lernen, Ihren Körper achtsam wahrzunehmen. Sie üben, mit Ihrer Aufmerksamkeit ganz bei sich zu bleiben und schrittweise Ihren gesamten Körper zu spüren, ausgehend von den Füßen bis zum Kopf. Ihren Gedanken, Empfindungen und Gefühlen begegnen Sie hierbei mit einer akzeptierenden und bewertungsfreien Haltung. Ziel ist, jedes Körperteil nacheinander bewusst und aufmerksam wahrzunehmen, ohne an irgendetwas anderes dabei zu denken. Kommen Gedanken auf, so führen Sie Ihr Bewusstsein sofort zurück zu Ihrem Körper. Dies erfordert einige Übung, ist aber das beste Mittel, um dem Kopfkino zu entgehen – und außerdem das beste Einschlafmittel.

2.2.5 Mich nicht mehr ärgern

Anwendungsbereich

Im Berufsalltag gibt es die unterschiedlichsten Auslöser für Ärger. Doch wenn Sie Ärger verspüren, sind Sie gleichzeitig blockiert für positive Gefühle und vor allem: Ärger stresst! Es lohnt sich daher, den Ärger zu überwinden.

Übung

Auslöser finden

Erforschen Sie Ihren Ärger, die Anreize für den jeweiligen Auslöser in Ihrer täglichen Arbeit als Führungskraft! Was ärgert Sie besonders, und wann? Wer ruft bei Ihnen Ärger hervor? Was müssen KollegInnen oder ggf. Vorgesetzte sagen, damit Sie sich ärgern? Nehmen Sie Ihren Berufsalltag dahingehend eine Zeitlang unter die Lupe.

Schreiben Sie den Auslösesatz auf. Zum Beispiel: „Frau M. kommt immer 10 Minuten zu spät zum Meeting."

Stellen Sie sich die Frage: Kann ich daran etwas ändern? Wenn ja, formulieren Sie eine Frage aus dem, was den Sachverhalt ausmacht. Diese können Sie nutzen, um ggf. auf den Ärger zu reagieren – auf eine angemessene Art und Weise.

Um auf unser Beispiel zurückzukommen: „Ja, vielleicht kann ich etwas daran ändern."

Folgende Frage könnten Sie sinngemäß daraufhin formulieren: „Mir ist aufgefallen, dass Sie häufig erst 10 Minuten nach der vereinbarten Zeit am Meeting teilnehmen. Mir ist Pünktlichkeit wichtig, damit alle gleichermaßen informiert sind. Können Sie bitte zukünftig zur angegebenen Zeit teilnehmen?"

Auch hier zeigt sich wieder, dass sich die Anwendung der Gewaltfreien Kommunikation anbietet. Diese Methode finden Sie unter 2.2.2.

Die Person kann nun entweder zusagen, pünktlich zu erscheinen oder einen Grund benennen, warum es ihr nicht möglich ist. Sie haben Ihren Ärger jedoch formuliert und angesprochen. Damit sind Sie ihn erst einmal los.

Wenn die Person mit „Nein" antwortet, wenn sich die Situation (für den Moment) also nicht ändern lässt, fragen Sie sich ruhig einmal: Warum lohnt es sich dann, sich darüber aufzuregen? Wir sind hier genau am Punkt Akzeptanz angelangt. Dies bedeutet, anzunehmen, was ist. Die aktuelle Situation stellt sich nicht immer erfreulich dar. Aber was bringt es, schwere Gefühle zu ertragen, wenn sich daran momentan nichts ändern lässt? Sie haben die Wahl: Entweder Sie schonen Ihre Gesundheit oder Sie stressen sich. Und warum sollte man sich belasten, wenn man doch Einfluss darauf nehmen kann?

Hintergrund

Ärger ist meist ein sekundäres Gefühl. Interessant wird es erst, wenn man dem primären, darunterliegenden Gefühl auf die Schliche kommen will: Handelt es sich beispielsweise um Scham oder ein Schuldgefühl? Dies gilt es herauszufinden, wenn man dem wirklichen Grund des Ärgers auf den Grund gehen möchte.

2.3 Methoden zum Faktor Lösungsorientierung

Lösungsorientierung bedeutet, sich nicht auf das Problem, sondern auf die Lösung zu fokussieren. Hierdurch ist es möglich, sich selbst und beispielsweise die Mitarbeitenden in die Lage zu versetzen, Chancen zur Veränderung zu erkennen und eben diese als Auslöser für Veränderungsprozesse aufzugreifen.

Die folgenden Übungen laden zur Lösungsfindung und zum Perspektivwechsel ein, der manchmal nötig ist, um eine Lösung überhaupt ersichtlich zu machen.

2.3.1 Lösungsalterntiven finden mit der SWOT-Analyse

Anwendungsbereich

Die SWOT-Analyse (S-Strengths – Stärken, W-Weaknesses – Schwächen, O-Opportunities – Chancen, T-Threats – Risiken) ist ein einfaches Werkzeug zur Entwicklung von Lösungsalternativen und Untersuchung zur Standortbestimmung einer gesamten Organisation, aber auch einzelner Prozesse, Produkte, Teams oder anderer Betrachtungsobjekte.

Übung

Nutzen Sie das Arbeitsblatt zum Download und füllen Sie die Bereiche Ihrer SWOT-Matrix aus. Zu den vier Bereichen der SWOT-Matrix können Sie mit gezielten Fragestellungen Ihre gewählte Thematik beleuchten.

Ein Arbeitsblatt zur SWOT-Matrix finden Sie im Download-Bereich

Hier ein paar Anregungen:

Stärken (Strengths)

- Was lief gut in der Vergangenheit?
- Welche Ursachen waren entscheidend für bisherige Erfolge?
- Worauf kann das Unternehmen/das Team stolz sein?
- Was kann das Unternehmen besser als seine Wettbewerber?
- Inwiefern hebt sich dieses Team von den anderen ab?

Schwächen (Weaknesses)

- Wo gibt es Schwächen?
- Was fiel bislang schwer?
- Was fehlt?

Chancen (Opportunities)
- Welche Möglichkeiten bieten sich aktuell?
- Welche Zukunftschancen sind absehbar?
- Welche Trends zeichnen sich ab?
- Welche Veränderungen im Umfeld können vorteilhaft sein?

Risiken (Threats)
- Wo lauern Gefahren für das bisherige Verfahren/Handeln?
- Welche Umfeldentwicklungen könnten sich ungünstig auf die Geschäftsentwicklung oder die Wettbewerbsfähigkeit auswirken?
- Welche Aktivitäten der Wettbewerber sind zu erwarten?

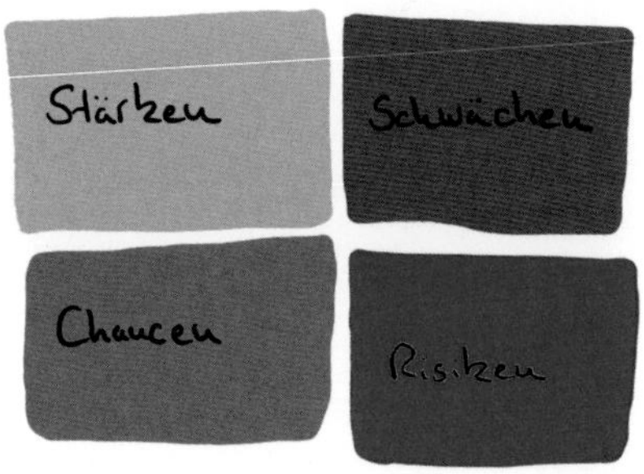

Abschließend können Sie die Fakten überblicken: Wägen Sie Ihre Risiken mit den Chancen ab, sehen Sie schwarz auf weiß, welche Stärken sich herausheben, seien Sie sich Ihrer Schwächen bewusst und entwickeln aus all den zusammengefassten Fakten Ihre individuelle Strategie. Mit diesem Verfahren behalten Sie Risiken und Schwächen im Blick: Sie kalkulieren diese von vornherein mit ein und wägen mit allen Facetten Ihre mögliche Lösung ab. Insgesamt erhalten Sie einen objektiveren Gesamtüberblick für eine berufliche Situation bzw. einen Sachverhalt. Ein Tipp: Schwächen zu reduzieren ist schwerer, als Stärken zu stärken!

Hintergrund

Die SWOT Analyse stammt aus der strategischen Unternehmensplanung. Das Instrument wurde an der Harvard Business School entwickelt. Mit ihr können Zusammenhänge zwischen Stärken und Schwächen einerseits und Chancen und Risiken eines Unternehmens andererseits visualisiert werden. Aus den Ergebnissen lassen sich strategische Stoßrichtungen für das Unternehmen ableiten. Das Instrument lässt sich gut auf der Ebene der Lösungssuche einsetzen, indem man dasselbe Verfahren nutzt.

2.3.2 Die Perspektive wechseln mit Byron Katie

Anwendungsbereich

Vielleicht ärgern Sie sich über eine Situation oder Person, die Ihnen das Leben schwer macht. Aber was bereits passiert ist, können Sie nicht ändern. Und das Verhalten anderer Menschen ebenso wenig. Was können Sie also tun, um mit solchen Situationen besser umzugehen? Das Effektive an „The Work", die von Byron Katie entwickelte Methode, ist, dass man nach ein bisschen Übung die eigenen belastenden Gedanken leichter wieder loslassen kann, sodass der Ärger über eine Situation oder über eine andere Person regelrecht „verfliegt". Dies befreit, und man kann ungestört seiner eigentlichen Arbeit nachgehen.

Übung

Stress überprüfen

Suchen Sie einen Gedanken, eine Situation oder eine Annahme, welche/r Stress, Ärger und Unwohlsein auslöst. Nehmen Sie den Gedanken bewusst wahr und benennen ihn ganz konkret. Überprüfen Sie ihn/sie mit den fünf bestimmten Fragestellungen:

1. Ist das wahr? (Ja oder nein. Bei nein gehen Sie zu Frage 3.)
2. Kann ich mit absoluter Sicherheit wissen, dass das wahr ist? (Ja oder nein)
3. Wie reagiere ich bzw. was passiert, wenn ich diesen Gedanken glaube?
4. Wer wäre ich ohne den Gedanken? (Kehren Sie danach den Gedanken um oder nutzen Sie die von mir hinzugefügte fünfte Frage, die die Lösung herauslocken soll:)
5. Was könnte ich stattdessen denken?

Wenn Sie den Gedanken umgekehrt haben oder einen ganz neuen Gedankengang für sich gefunden haben, spüren Sie mal in sich hinein, ob noch Ärger oder Unwohlsein zu fühlen ist. Hat sich etwas verändert? Wenn ja, dann ist Ihnen die Abfolge dieser insgesamt fünf Fragen sicherlich eine schnelle, effektive Hilfe gewesen. Nutzen Sie sie häufiger! Nach mehrmaligem Anwenden geht es immer schneller. Und wenn Sie Ihren Gedanken oder Ihre Gefühle losgelassen haben, werden Sie wieder handlungsfähiger und können entsprechende Lösungen für Ihr Problem bzw. die belastende Situation finden. So gelingt es dann leichter, sich schließlich wieder auf die Dinge zu konzentrieren, die Ihnen wirklich wichtig sind.

Hintergrund

Byron Katie

Byron Katie, die Begründerin von „The Work", war in den 1970er-Jahren selbst in einer tiefen Depression gefangen. In dem Bemühen, sich daraus zu befreien, entwickelte sie einen Selbstbeobachtungsprozess. Sie erkannte Muster, wie Leiden erzeugt und beendet wird. Ihre Erkenntnis war, dass empfundenes Leid sehr eng mit den eigenen inneren Überzeugungen verknüpft ist und dass diese negativen Überzeugungen durch einen methodischen Perspektivwechsel radikal verändert werden können.

2.3.3 Ressourcen aufspüren: Mein Berufsleben auf dem Zeitstrahl

Anwendungsbereich

Die Zeitleiste ist ein Tool, das Ihnen hilft, Ihre berufliche Biografie zu erstellen. Sie erfasst die Höhen und Tiefen Ihres Arbeitslebens und unterstützt die Auseinandersetzung mit der eigenen beruflichen Geschichte. Die Frage, die dabei im Raum steht: „Wie wurde ich zu dem Menschen, der ich heute bin?“ Beziehungsweise:. „Wie habe ich es in diese berufliche Position geschafft?“

Übung

Wie man die Zeitleiste erstellen kann, erläutern folgende Schritte. Benötigt werden lediglich ein Blatt Papier und ein paar Stifte. Als Download steht ein entsprechendes Arbeitsblatt zur Verfügung.

Eine Illustration finden Sie im Download-Bereich

Schritt 1: Skizzieren Sie einen Zeitstrahl mit einer horizontalen X-Achse für den Zeitverlauf und einer vertikalen Y-Achse für die Bewertung des Erlebten. Dies können Sie beispielsweise in Positiv und Negativ einteilen.

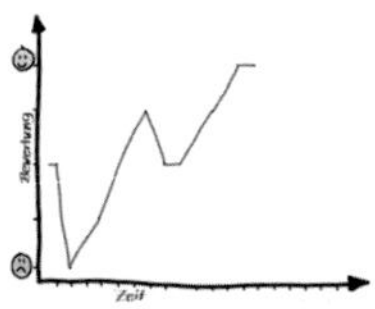

Schritt 2: Nun beginnt die Erinnerungsarbeit in Bezug auf den beruflichen Verlauf. Hierbei ist es hilfreich, sich an große Wendepunkte oder persönlich bedeutsame Situationen zu erinnern. Bringen Sie diese in eine zeitliche Ordnung und bewerten Sie sie. Die Bewertung erfolgt nach Ihrer Einteilung, ob die jeweiligen Punkte als „positiv“ oder „negativ“ erlebt wurden. Freudige Ereignisse werden oberhalb der Zeitachse (X-Achse) markiert, weniger gute Ereignisse darunter. Je emotionaler das Ereignis war, desto höher oder tiefer setzen Sie die Markierung. Versehen Sie das jeweilige Ereignis mit einer Überschrift, zum Beispiel: „Beförderung“ o.Ä. Verbinden Sie zuletzt die eingezeichneten Ereignisse mit einer Linie. So erkennen Sie den Verlauf. (Meyer, 2019)

Nehmen Sie sich genügend Zeit für die Erarbeitung des Zeitstrahls. Vor allem betrachten Sie bitte tiefere Einschläge aus folgender Perspektive:

- Was hat mir diese schwierige Situation gebracht?
- Welche Ressourcen habe ich dadurch entwickelt?
- Wie kann ich diese Ressourcen für zukünftige Herausforderungen nutzen?

Betrachten Sie den Verlauf Ihrer Zeitlinie und lassen Sie auf sich wirken, was Sie schon alles gemeistert haben. Sehen Sie, wie Sie Probleme gelöst und angepackt haben. Nehmen Sie wahr, wie auch schwierige

Zeiten Positives mit sich gebracht haben und Sie gestärkt daraus hervorgegangen sind.

Hintergrund

Die Arbeit an den Koordinaten Ihres bisherigen Berufslebens schließt Einstellungen und Werte mit ein, genauso wie die Beurteilung dieser Ereignisse. Der Blick in die Vergangenheit liefert wichtige Aufschlüsse für die Gegenwart und Zukunft. Somit werden Sie dahingeführt, Ziele für die Zukunft zu formulieren.

Dazu zählen beispielsweise:

- Handlungsspielräume und Lösungskompetenzen aufzudecken,
- persönliche Ziele und Umsetzungsstrategien zu entwickeln,
- die Perspektive zu wechseln,
- Wendepunkte nochmals anzuschauen oder zu lernen, die eigene berufliche Lebensgeschichte zu akzeptieren. (Meyer, 2019)

2.3.4 Energie-Engel und Energie-Vampire

Anwendungsbereich

Mit der Methode „Energie-Engel und Energie-Vampire" können Sie herausfinden, wie es um Ihren persönlichen, aktuellen Energiehaushalt bestellt ist, den Ihres Teams oder Ihres Unternehmens.

Übung

Notieren Sie sich die Antworten auf folgende Fragen auf einem Zettel oder nutzen Sie das Arbeitsblatt zum Download:

Ein Arbeitsblatt finden Sie im Download-Bereich

- Wer oder was gibt mir Kraft und Energie in Bezug auf mein Berufsleben?
- Was verleiht mir und meinem Team Flügel, was tut uns gut?
- Was ist der aktuelle Energiestand – in Bezug auf mich selbst und in Bezug auf mein Team?
- Wann füllt sich der Energielevel?
- Wer oder was sind Energie-Vampire in meinem Berufsleben?
- Welche Energie-Vampire blockieren mich und mein Team?
- Welchen Einfluss haben ich und mein Team auf Dinge, die uns Energie ziehen?

Denken Sie darüber nach, was sich anbieten würde, um Ihr Energielevel zu stabilisieren, was Ihnen weiterhin Flügel verleihen würde. Mit welchen Maßnahmen können Sie Ihren Energiehaushalt weiterhin und

langfristig stärken? Entscheiden Sie sich für realistische Schritte und Maßnahmen – am besten in Teilschritten, damit Sie sich nicht zu viel auf einmal zumuten. Notieren Sie sich Ihre Erfolge, auch die kleinen, so werden Ihnen diese bewusst und Sie haben Freude.

Hintergrund

Auf Dauer kann man dem Energiesystem nur das entnehmen, was man auch wieder nachfüllt. Deshalb ist es gut zu wissen, was oder wer unsere Energie-Vampire sind – also was oder wer uns Energie raubt und was bzw. wer uns Energie gibt und buchstäblich Engelsflügel wachsen lässt, und wie wir diese langfristig erhalten können.

2.3.5 Die Wunderfrage: Ihre Intuition als Lösungs-Tool

Anwendungsbereich

So verarbeiten Sie Ihre Wahrnehmungen

Mithilfe der Wunderfrage richten Sie Ihre Aufmerksamkeit aus, verarbeiten Ihre Wahrnehmungen und entscheiden, handeln und spüren wieder die Folgen Ihres Tuns. Um beispielsweise ein inneres Verständnis für das eigene Unternehmen und die Arbeitssituation zu erlangen, ist die Intuition in Form von Beobachtung gefragt. Nehmen Sie alles in sich auf: Das Unternehmen, die Zahlen, die Menschen, die Prozesse, die Rahmenbedingungen, den Markt. Lassen Sie es wirken und entwickeln Sie auf diese Weise ein inneres Verständnis für das eigene Unternehmen, die eigene Person, die gegenwärtige Situation. Mit der Methode können Sie Probleme, die Sie in einem Arbeitskontext bemerken, angehen.

Übung

Schritt 1: Fokussieren Sie sich auf das momentane Problem.

- Wie lange kennen Sie das Problem schon?
- Was kennzeichnet das Problem?
- Wie fühlt es sich an?

Schritt 2: Suchen Sie das Gute am Schlechten:

- Was hat das Problem trotz allem für eine positive (Aus-)Wirkung?

Schritt 3: Stellen Sie sich die Frage: Was möchten Sie verändern?

- Formulieren Sie einen Zielsatz in der Gegenwartsform, so als wäre das Ziel schon erreicht. Beispiel: „Ich erreiche mit Leichtigkeit gemeinsam mit meinem Team die Zielvorgaben für dieses Jahr."
- Wie attraktiv wirkt dieses Ziel auf einer Skala von 1-10, wenn 10 äußerst attraktiv ist? Es sollte sich so gut anfühlen, dass eine

10 erreicht wird. Andernfalls sollte das Ziel noch einmal – oder mehrfach – angepasst werden.

Schritt 4: Setzen Sie nun die Wunderfrage nach Steve de Shazer ein:

- Schließen Sie die Augen und stellen Sie sich vor, dass, während Sie heute Nacht schlafen, ein Wunder geschieht. Das Wunder bewirkt, dass das Problem gelöst ist. Sie haben Ihr Ziel erreicht. Beobachten Sie sich und nehmen Sie wahr, woran Sie feststellen, dass sich etwas verändert hat. Welchen Unterschied bemerken Sie oder andere?
- Tun Sie mal so, als ob es jetzt tatsächlich schon so wäre!
  - Wie fühlt sich die Veränderung an, wo genau fühlen Sie es körperlich?
  - Hat das Gefühl eine Farbe oder auch eine Form?
- Spüren Sie intensiv dem guten Gefühl nach!

Schritt 5: Sie denken nach vier Wochen, nach einem Jahr zurück und bemerken erfreut, dass sich nach dieser Selbsthypnose alles zum Positiven gewendet hat.

Schritt 6: Sie nehmen erneut das gute Gefühl wahr.

Schritt 7: Nehmen Sie so lange dieses gute Gefühl wahr, wie es Ihnen guttut und öffnen Sie dann wieder die Augen.

Hintergrund

Lösungsorientierte Beratung

Die beschriebene „Wunderfrage" ist eine Technik aus der Lösungsorientierten Beratung, die von den Psychotherapeuten Steve de Shazer und Insoo Kim Berg in den 1980er-Jahren erstmals vorgestellt wurde. Sie lenkt den Fokus auf die Lösung eines Problems. Anders als bei der reinen Zielfrage wird das dahinter erkennbare Bedürfnis sichtbar. Die Intuition, das „Bauchgefühl", wird aktiviert, die Vorstellungskraft gesprengt. Die Intuition ist das Prinzip der inneren Steuerung. Sie ist zunächst eine unbewusste und dann zunehmend bewusste Steuerung des Erlebens und Verhaltens. Sie steuert also Wahrnehmung, Denken, Fühlen und Handeln. Das Augenmerk wird auf die Zielerreichung gelenkt, außerdem werden Handlungsfähigkeit und Selbstwirksamkeit zudem angeregt. Vorerst ist die Wahrnehmung unbewusst, entwickelt sich aber zu einer bewusst wahrnehmbaren und einsetzbaren Funktion. (Wellensiek & Galuska, 2014)

2.4 Methoden zum Faktor Selbstregulation

Unter Selbstregulation versteht man Prozesse, bei welchen das System seine Funktion eigenständig anpasst. Resultat ist, dass das eigene System erhalten bleibt oder sich an neue Bedingungen anpassen kann. Dieses Kapitel beschäftigt sich mit den Fragen: Wie kann man sich selbst bestmöglich regulieren, um widerstandsfähig zu bleiben? Wie gelingt es, flexibel auf neue Bedingungen zu reagieren? Mithilfe der vorgeschlagenen Methoden können Sie Ihre Fähigkeit zur Selbstregulation gezielt untersuchen und optimieren.

2.4.1 Innere Antreiber: Was beeinflusst Ihr Handeln?

Anwendungsbereich

Viele Probleme entstehen, weil Menschen aus inneren Motiven, den Antreibern, geleitet werden. Diese Antreiber sind meist schon in der Kindheit geprägt worden und haben sich bis in das Erwachsenenalter verfestigt. In Teilen blockieren sie das selbstbestimmte Handeln und man leidet unter ihnen, oft ohne dass man sich der Antreiber bewusst ist. Das Konzept der Inneren Antreiber bietet eine gute Möglichkeit, das eigene Führungsverhalten zu reflektieren.

Übung

Als Vorüberlegung können folgende Fragen hilfreich sein:

- Wie reagiere ich unter Stress und in schwierigen Situationen?
- Was passiert mir häufiger und welche Automatismen stelle ich fest?
- Welche Auswirkungen hat es darauf, wie ich als Führungskraft wahrgenommen werde?
- Wie beeinflusst mein Verhalten mein Team und meinen Führungsstil?

Die folgenden Aussagen beschreiben die inneren Antreiber mit ihren Stärken sowie den negativen Auswirkungen. Lesen Sie aufmerksam die Aussagen durch und hinterfragen Sie sich dabei, inwieweit welcher Antreiber für Sie in der negativen Auswirkung in Betracht kommt. Gleichzeitig können Sie natürlich überprüfen, in welchen Bereichen Ihre Stärken und Ressourcen liegen. Hier soll aber vor allem der Anreiz geschaffen werden, negative Antreiber in positive Glaubenssätze zu verändern. (Miller, 2017)

Sei stark!	
Nachteile	**Vorteile**
➤ Gibt eigene Fehler ungern zu und will keine Schwäche zeigen ➤ Andere werden an Entscheidungen zu wenig beteiligt, eher Einzelgängertum ➤ Unnahbarkeit ➤ Eher sachorientierte Kommunikation ➤ Kann schwer um Hilfe bitten	➤ Durchsetzungsstark ➤ In Krisen „Fels in der Brandung" ➤ Bewahrt den Überblick ➤ Handelt lösungsorientiert ➤ Lässt sich nicht aus der Ruhe bringen

Sei perfekt!	
Nachteile	**Vorteile**
➤ Will alles hundertprozentig erledigen ➤ Überarbeitet Aufgaben mehrere Male ➤ Ist nie wirklich mit der eigenen Arbeit zufrieden ➤ Lässt keine Fehler zu	➤ Liefert hohe Qualität ➤ Beleuchtet Aufgaben von vielen Seiten ➤ Erfüllt die Erwartungen ➤ Geht in die Tiefe

Streng dich an!	
Nachteile	**Vorteile**
➤ Übernimmt zahlreiche Aufgaben ➤ Ist pflichtbewusst, ohne die eigenen Grenzen wahrzunehmen ➤ Unbeschwertheit fehlt ➤ Überträgt eigene hohe Maßstäbe an Mitarbeitende ➤ Erteilt wenig Lob	➤ Gibt bei Problemen nicht auf ➤ Hat eine hohe Disziplin ➤ Hat eine hohe Ausdauer ➤ Ist vielseitig

Beeil dich!	
Nachteile	**Vorteile**
➤ Ist fehleranfällig ➤ Unterbricht häufiger ➤ Tut sich schwer, innezuhalten und vorausschauend zu planen ➤ Hat Probleme, zuzuhören	➤ Delegiert gern ➤ Schafft viel in kurzer Zeit ➤ Verliert sich nicht in Details ➤ Bringt Dynamik ins Arbeitsleben

Sei gefällig!	
Nachteile	**Vorteile**
➤ Sorgt sich um die Wirkung auf andere ➤ Bezieht Verhalten und Rückmeldungen anderer auf sich ➤ Kann schwer Nein sagen ➤ Sucht Anerkennung ➤ Gibt ungern negatives Feedback	➤ Hat hohe soziale Kompetenz ➤ Ist teamfähig ➤ Hat hohe Empathiefähigkeit ➤ Ist hilfsbereit

Hintergrund

Das Modell der „Inneren Antreiber" geht auf die Transaktionsanalyse von den kanadischen/amerikanischen Psychiatern Eric Berne und Thomas Harris zurück. Die Theorie aus den 1950er- und 1960er-Jahren diente neben der Behandlung von psychischen Störungen der Analyse und Beschreibung von Kommunikation und Kooperation und dem lösungsorientierten Umgang mit zwischenmenschlichen Störungen und Konflikten. Eine wichtige Erkenntnis dieses Modells ist, dass Menschen im Laufe ihrer Sozialisation unterschiedliche Antreiber entwickeln, die maßgeblich ihr Handeln bestimmen. Diese Antreiber bestimmen einen Teil von unserer Landkarte, mit der wir uns in unserer Lebenswelt orientieren. Antreiber wie: Sei stark! Sei perfekt! Streng dich an! Beeil dich! Sei gefällig! wurden uns in früherer Kindheit vermittelt und heute, Jahrzehnte später, wirken sie sich noch immer auf unsere Wahrnehmung, unsere Entscheidungen und unser Denken aus. Somit wirken sie sich natürlich auch auf unseren Lebens- und Arbeitsstil aus: dies meist effektiv, dennoch können sich die inneren Antreiber aber auch als belastend darstellen.

Wenn sich Ihre inneren Antreiber negativ auswirken, können Sie sie gedanklich umkehren. Wenn Sie zum Beispiel denken: „Ich darf keine Schwäche zeigen, sonst wirke ich inkompetent", kehren Sie den Glaubenssatz ins Positive um: „Ich darf mir Hilfe holen." Vor allem unter Druck, in herausfordernden Situationen ist die Bewusstmachung der inneren Antreiber hilfreich. So lässt sich die negative Auswirkung der Antreiber reduzieren oder sogar vermeiden, indem Sie mit dem Wissen Ihre Verhaltensweisen im Führungsalltag konstruktiver nutzen.

Selbsttest

Ein Selbsttest im Internet (https://www.transaktionsanalyse-online.de/wp-content/uploads/2017/09/Die-inneren-Antreiber.pdf) kann noch genauere Ergebnisse der Ausprägung Ihrer Antreiber liefern.

2.4.2 Glaubenssätze umkehren

Anwendungsbereich

Gehen Sie Ihren Überzeugungen auf die Spur

Denken Sie mal darüber nach: Was macht beispielsweise Ihr Unternehmen erfolgreich, Ihre Mitarbeitenden zufrieden? Ihre Antwort darauf ist eine Aussage über eine Überzeugung. Glaubenssätze in Hinsicht auf Ursachen basieren auf Erfahrungsfiltern. Wenn Sie glauben, „X" verursache etwas, werden Sie Ihr Verhalten darauf ausrichten, „X" geschehen zu lassen oder bei negativen Auswirkungen eben dieses zu vermeiden. Auch über die Bedeutung können Sie Glaubenssätze verinnerlicht haben. Was bedeuten bestimmte Begebenheiten? Was scheint notwendig oder wichtig? Glaubenssätze über die Bedeutung von etwas führen zu Verhaltensweisen, die dem Glaubenssatz entsprechen. Was veranlasst Sie, etwas zu tun? Was bedeuten genau Ihre Verhaltensweisen? Welche Grenzen setzen Sie? Gehen Sie Ihren Glaubenssätzen auf die Spur!

Übung

Schritt 1: Listen Sie Ihre negativen Glaubenssätze auf

Ein Beispiel für einen einschränkenden Glaubenssatz ist: „Ich verdiene keinen Erfolg." Solche Glaubenssätze über die Identität können einer Veränderung im Wege stehen, denn Glaubenssätze sind meist unbewusst strukturierte Denkprozesse. (Dilts, Hallbom & Smith, 2015)

Welche Glaubenssätze hindern Sie am Erfolg? Durch das Auflisten allein können sich schon negative Glaubenssätze auflösen, denn Sie beginnen damit, die eigenen Glaubenssätze zu hinterfragen und in einem realistischen Licht zu betrachten. Planen Sie hierfür genug Zeit ein! Die

Glaubenssätze sind häufig im Unterbewusstsein so tief verankert, dass man sich ihrer gar nicht bewusst ist!

Zum Erkennen der Glaubenssätze helfen folgende Tipps:
- Hinterfragen Sie Ihre eigene Sprache! Ist Ihr eigener Sprachstil eher negativ oder positiv?
- Beleuchten Sie Ihre eigene Biografie! Was hat Sie geprägt?
- Was waren in Ihrer Familie gern verwendete Redewendungen und Verhaltensmuster?
- Befragen Sie Menschen aus Ihrem eigenen Umfeld nach ihrer Einschätzung!

Schritt 2: Kreieren Sie Ihre Zukunftsvision
Rufen Sie sich Ihre Erfolge ins Gedächtnis, die Sie als Führungskraft zu verbuchen haben und vergleichen Sie, was sich in Ihrem Unternehmen seitdem verändert hat. Versetzen Sie sich gedanklich in die Zukunft und überlegen Sie sich: Wie fühlt sich das Leben ohne den negativen Glaubenssatz an? Gestalten Sie Ihre Zukunftsvision so detailliert wie möglich! Kmenta rät, sich folgende Fragen bewusst zu machen und schrittweise vorzugehen:

- Was werden Sie nicht mehr tun?
- Wie wird Ihr Tagesablauf aussehen?
- Welche positiven Glaubenssätze werden Sie stattdessen leben?
- Was wird anders sein?

Stellen Sie sich dabei auch scheinbare Nebensächlichkeiten vor, wie: „Welcher Mitarbeitende wird mir anders begegnen? Welche anderen Verhaltensweisen werde ich an den Tag legen?"

Schritt 3: Tun Sie so, als ob
Fake it until you make it! – Tun Sie so, als ob, bis Sie es geschafft haben! Beginnen Sie sofort, einige Punkte Ihrer eigenen Zukunftsvision aus Schritt 2 umzusetzen. Schlüpfen Sie in Ihr Zukunfts-Ich und seien Sie jetzt schon so, wie Sie wahrhaftig sein werden! So in etwa, als seien Sie ein Schauspieler, der in eine Rolle schlüpft. Ob Sie sich dabei anfangs eigenartig fühlen? – Na und?!

Hintergrund

Fest verankerte Sichtweisen

„Negative Glaubenssätze sind oft sehr fest verankerte Sichtweisen über sich und die Welt, die Sie daran hindern, das zu tun, was Sie müssten, um das zu erreichen, was Sie wollen", sagt Business Coach Roman Kmenta in seinem Blog-Beitrag „Fake it untill you make it". Negative Glaubenssätze nennt er auch „Erfolgskiller". Manche Glaubenssätze haben eine durchaus positive Wirkung, wie zum Beispiel: „Ich schaffe das schon!" oder „Gemeinsam arbeiten wir sehr produktiv!" – im Gegensatz zu solchen wie: „Das klappt sowieso nicht!", „Auf mich hört eh niemand!"

Sie sollen ja nur einen Vorgeschmack auf das Lebensgefühl, das Sie erwartet, bekommen. Eben ohne die negativen Glaubenssätze, die hinderlich sind. Dadurch, dass Sie es mit Haut und Haaren spüren, wenn Sie Ihre neue Rolle leben, fangen Sie erst an, festgefahrene Überzeugungen zu überwinden. Hierdurch erreichen Sie Ihre Ziele schneller und leichter!

Führung verändert sich zunehmend. Sie müssen nicht nur fachlich sehr gut sein, sondern auch eine Vision haben. Zudem müssen Sie eine Vielzahl unbequemer Entscheidungen treffen. Dies klappt nicht ohne Konflikte und auch nicht ohne Druck.

Wichtig ist, dabei die Balance zwischen dem persönlichen Befinden und den beruflichen Herausforderungen zu halten. Hierfür ist es notwendig, sich Zeit zu nehmen, um sich zu beobachten. Reflektieren Sie Ihre Gedanken und Vorstellungen, die Sie unbewusst leben. Diese sind oft die Grundlage von dem, wie sich die augenblickliche Situation gerade darstellt. Wichtig ist, sich dieser Fakten, der unbewussten Glaubenssätze, bewusst zu werden. Welche Leitsätze prägen Ihr Leben? Denken Sie einmal darüber nach! Was bewegt Sie, Dinge in einer Art und Weise zu tun, wie Sie sie tun? Und wie geht es Ihnen dabei? Es gibt keine Perfektion und es gibt immer Bereiche, in denen man sich verbessern kann.

Sofern Sie Ihre Rolle als Führungskraft und Ihre Überzeugungen reflektieren, übernehmen Sie Verantwortung für sich und schaffen sich zudem Handlungsspielraum. Eine Führungskraft, die selbstreflektiert ist und eine gesunde und klare Haltung hat, kann sich über eine größere Lebensqualität freuen und sieht den Führungsaufgaben standhaft entgegen. Dies führt letztlich zum Erfolg, vor allem in schwierigen Situationen mit Mitarbeitenden und Kundinnen und Kunden. (Conin-Ohnsorge, 2016)

2.4.3 Selbstgespräche ins Positive umkehren

Anwendungsbereich

Selbstgespräche sind Gold wert

Was meinen Sie, mit wem sprechen Sie am häufigsten? Genau – mit sich selbst. Selbstgespräche zu führen, ist völlig normal. Doch oftmals ist dieser innere Dialog sehr negativ ausgeprägt und richtet sich gegen uns selbst. Wir verurteilen und beschimpfen uns sogar. Dabei sind Selbstgespräche Gold wert, wenn man sie richtig nutzt. Sie haben einen enormen Einfluss auf unsere Leistung und können uns dabei unterstützen, unser Wohlbefinden zu steigern, sagt der Online-Experte Markus Hornig. Ihm zufolge haben die inneren Selbstgespräche einen starken Einfluss darauf, was Realität wird – und was nicht. Wenn wir zum Beispiel denken „Oh nein, das schaffe ich nie!“, setzt unser Gehirn alles daran, dem Wahrheitsgehalt mit all den Erinnerungen und Erfahrungen, die abgespeichert sind, zu entsprechen. All die negativen Botschaften werden uns unverzüglich zur Verfügung gestellt und sind uns bewusst. Durch diese negative Bestätigung ergibt sich eine entsprechend negative Stimmung. Denkt man hingegen „Das ist eine Herausforderung!“, so passiert dasselbe, jedoch mit dem entscheidenden Unterschied, dass unsere positive Sichtweise bestätigt wird. Wohin wir unsere Aufmerksamkeit lenken, dahin fließt auch unsere Energie. Der innere Dialog ist hierbei immens wichtig. (Hornig, 2013)

Wie aber können Sie Ihre inneren Selbstgespräche ins Positive verändern?

Übung

Um Selbstgespräche ins Positive umzukehren rät Hornig Folgendes:

- Sobald Sie ein negatives Selbstgespräch wahrnehmen, stoppen Sie es und sagen zu sich selbst ruhig und deutlich „Stopp!“. Es kann helfen, wenn Sie sich dabei ein rotes Stoppschild vorstellen, um die Wirkung zu verstärken. Sie unterbrechen so Ihr negatives Gewohnheitsmuster.
- Sprechen Sie im Präsens mit sich! Das versteht Ihr Gehirn besser als einen Konjunktiv wie „hätte“, „sollte“ oder „wäre“.
- Nutzen Sie klare Worte und geben Sie sich eindeutige Anweisungen!
- Verwenden Sie keine Verneinungen! Diese versteht unser Gehirn nicht. Statt „Hoffentlich geht das heute nicht schief!“, sagen Sie lieber „Ich bleibe gelassen, ich bin gut vorbereitet!“.
- Sprechen Sie wertschätzend mit sich selbst, Sie verdienen Respekt und Anerkennung. Stellen Sie sich vor, wie Sie mit einem Freund oder einer Freundin sprechen würden. Wie wünschen Sie sich, dass man mit Ihnen kommuniziert?
- Lächeln Sie sich innerlich selbst zu!
- Und formulieren Sie positive Sätze wie: „Ich schaffe das!“

Versuchen Sie, Ihre Selbstgespräche dauerhaft zu verändern und zum Positiven umzukehren! Das Umdenken kann mit einer oder mehrerer dieser Fragen unterstützt werden:

- Sehe ich nur die Negativseiten der Situation? Gibt es auch positive Fakten?
- Verallgemeinere ich zu stark?
- Habe ich schon einmal eine ähnlich schwierige Situation gemeistert? Wie?
- Was würde ich einer Freundin zur Unterstützung sagen, die sich in einer ähnlichen Situation befindet?
- Wie wichtig ist die Sache wirklich für mich?
- Gibt es etwas anderes, was mir sehr wichtig ist, woran ich denken könnte – und was mir Mut und Sicherheit geben kann?

Hintergrund

Der innere Dialog

Der innere Dialog beschreibt alle Kommunikationsprozesse, in denen eine Person innerlich mit sich selbst spricht. Im alltäglichen Leben kann die Anwendung dieser Technik dazu verhelfen, das eigene Handlungsvermögen zu stärken und die eigene Stimmung zu heben. Dafür lohnt es sich doch schon, die negativen Selbstgespräche umzukehren!

2.4.4 Das 80/20-Prinzip: Effizienz statt Perfektion

Anwendungsbereich

Wie kann man effektiv arbeiten, ohne sich gestresst zu fühlen? Wie kann man viel Zeit einsparen? Die 80/20-Regel gibt Antwort auf diese Fragen. Manager nutzen sie als tägliches Handwerkszeug und in Zeitmanagement-Seminaren ist die Methode nicht mehr wegzudenken. Was hat es also damit auf sich?

Übung

Mal angenommen, Ihnen stehen für eine Aufgabe 10 Stunden Zeit zur Verfügung. Um diese Aufgabe mit 80 Prozent Qualität zu erledigen, benötigen Sie fünf Stunden Arbeitszeit. Dies ist die Hälfte Ihrer zur Verfügung stehenden Zeit. Wenn Sie nun aber 100% Qualität liefern wollen, so bräuchten Sie für die letzten 20 Prozent weitere fünf Stunden. Sie haben nun die Wahl, wie Sie mit den 10 Stunden umgehen möchten: Entweder Sie verwenden die volle Zeit damit, Ihre Aufgabe hundertprozentig zu erledigen oder Sie verbringen fünf Stunden Arbeitszeit damit, Ihre Aufgabe mit achtzigprozentiger Qualität abzuschließen. Bei der letzten Variante können Sie dann noch fünf Stunden in eine zweite, gleichwertige Aufgabe investieren,

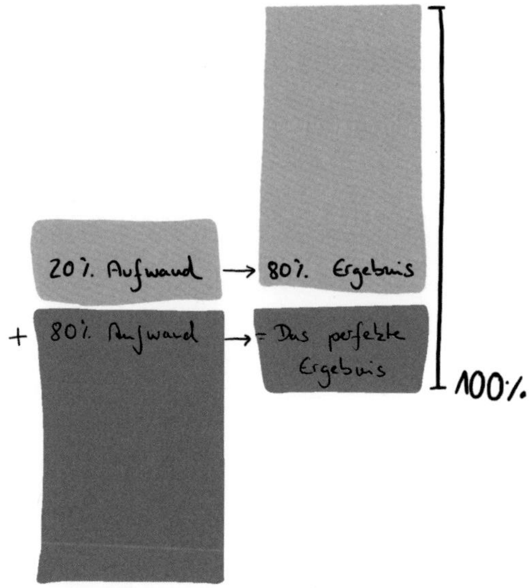

die Sie dann auch mit einer achtzigprozentigen Qualität beenden. Sie hätten bei diesem Konstrukt 2 x 80 Prozent geschafft, statt 1 x 100 Prozent. Auf diese Weise kommt im Ergebnis mehr heraus. (GesundStift.de)

Hintergrund

Das Paretoprinzip

Das Paretoprinzip, so ist der eigentliche Name der 80/20-Regel, ist nach Vilfredo Pareto benannt. Es besagt, dass ein Großteil der Ergebnisse (ungefähr 80 Prozent) mit einem Minimum des Gesamtaufwandes (grob 20 Prozent) erreicht werden können. Die Erfüllung der verbleibenden 20 Prozent Ergebnisse erfordern mit 80 Prozent des Gesamtaufwandes die quantitativ meiste Arbeit. (Wikipedia) Die Prozentangaben sind nur grobe Richtwerte, drücken aber das dahinterliegende Prinzip sehr illustriert aus. Es gibt wiederum Aufgaben, die müssen mit einer hundertprozentigen Qualität erledigt werden, etwa ein Flugzeug starten und landen. Dennoch gibt es im Arbeitsalltag zahlreiche Aufgaben, bei denen dieses Prinzip völlig ausreicht. Hier können Sie dann wählen: Will ich nach dem 80/20-Prinzip zeiteffizienter arbeiten? Zwar nur mit einer unvollkommenen Qualität, aber dafür bedeutend schneller? Viele Menschen, die nicht gestresst wirken, dennoch ein hohes Arbeitspensum haben, lassen sich nicht davon beirren, dass sie nicht immer perfekte Qualität bringen. Sie haben dafür mehr Zeit zur Regeneration und hierdurch wieder mehr Power für die Arbeit. Wenden Sie die 80/20-Regel geschickt an, dann werden Sie davon profitieren und Sie werden feststellen, dass dieses Prinzip äußerst motivierend wirkt. (GesundStift.de)

2.4.5 Die Zeit im Griff haben mit der ALPEN-Methode

Anwendungsbereich

Die eigene Arbeitsweise auf den Prüfstand zu stellen, kann von Vorteil sein. Wie lassen sich Ziele tatsächlich zum gewünschten Zeitpunkt erreichen? Wie stellt man sich dafür einen konkreten Plan auf, damit man nicht am Ende der Woche niedergeschlagen ist, weil wieder so viel dazwischengekommen ist? Mit folgender Methode haben Sie die Möglichkeit, Ihre Arbeitsweise zu optimieren.

Übung

Die ALPEN-Methode besteht aus den folgenden fünf Schritten:

- **A**ufgaben
- **L**änge
- **P**ufferzeiten
- **E**ntscheidungen
- **N**achkontrolle

A

Beginnen Sie mit dem ersten Schritt: Das „A“ bei der ALPEN-Methode steht für die Aufgaben. Notieren Sie: Welche wichtigen Termine stehen diese Woche an? Welche wichtigen Aufgaben und Tätigkeiten will ich heute und in dieser Woche erledigen? Welche Routinearbeiten und welche neuen Arbeiten kommen hinzu?

L

Schätzen Sie die Länge der jeweiligen Tätigkeiten ein. Wie lange sind Sie mit der jeweiligen Aufgabe beschäftigt? Wie viel Zeit möchten Sie in etwas investieren? Notieren Sie den Zeitaufwand hinter den aufgelisteten Aufgaben.

P

Um unvorhergesehene Zeitverluste abzufangen: Planen Sie Pufferzeiten ein – unvorhergesehene Tätigkeiten kommen immer dazwischen.

E

Treffen Sie Entscheidungen, setzen Sie Prioritäten. Welche Aufgaben sind am wichtigsten, welche am dringendsten? Können Sie bestimmte Aufgaben delegieren?

N

Kontrollieren Sie, ob Sie Ihre Ziele erreichen und einhalten konnten.

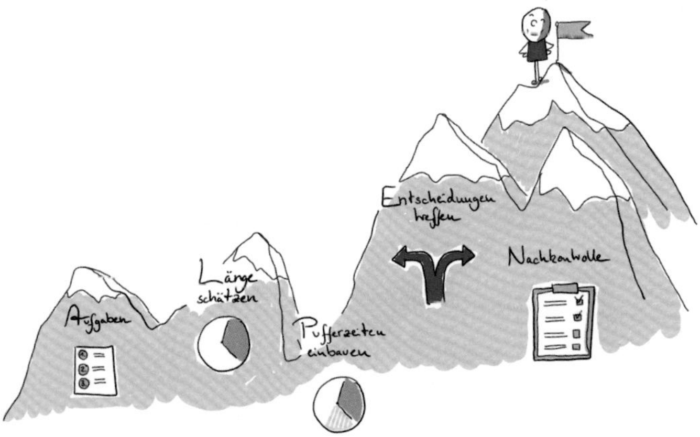

Hintergrund

Lothar J. Seiwert

Die ALPEN-Methode nach dem Zeitmanagement-Experten Lothar J. Seiwert ist besonders nützlich, wenn Sie einen vollen Terminkalender haben.

Sie eignet sich vor allem dann, wenn Ziele effizient und effektiv erreicht werden sollen. Daher ist es wichtig, dass Sie genau beleuchten, in welchen Situationen die Methode für Sie Sinn macht. Sofern Ihre Zielerreichung vom vorgesehenen Ergebnis abweicht, können Sie bei der nächsten Planung noch präziser planen und beispielsweise mehr Pufferzeit eintragen.

2.5 Methoden zum Faktor Selbstverantwortung

Alles, was uns im Leben begegnet, sind die Ergebnisse unserer Handlungen oder von Dingen, die wir unterlassen haben. Dazu zählt beispielsweise unser Einkommen, unsere Verhaltensweisen, unsere Beziehungen zu anderen Menschen ... Wichtig ist, ab und an zu prüfen, was denn gut und was nicht gut funktioniert hat. Sie tragen die Verantwortung für Ihre eigene Lebensqualität. Mit den folgenden Übungen können Sie eine Art Prüfstand durchführen und Revue passieren lassen, was hilfreich und was weniger effektiv war – und darauf hinwirken, dass Ihr Lebensentwurf Ihren eigenen Vorstellungen entspricht.

2.5.1 Neue Bedeutungszusammenhänge auftun mit der systemischen Denkweise

Anwendungsbereich

Die systemische Denkweise drückt sich am besten in gestellten Fragen aus. Anhand ihrer gezielten Fragen kann der Blick auf die verschiedenen Settings – oder eben Systeme – gerichtet werden, in denen man sich bewegt.

Die Methode ist nicht trivial, doch die Auseinandersetzung lohnt sich sehr. Die unterschiedlichen Fragestellungen eignen sich, um neue Beziehungs- und Möglichkeitszusammenhänge aufzutun und neue Informationen über Sachverhalte zu erhalten. Sie hinterfragen den Kontext auf eine andere Art. Durch die Fragestellungen entwerfen Sie neue Hypothesen, die Sie nutzen können, bis eine andere Hypothese Ihnen brauchbarer und passender erscheint. Bauen Sie die systemischen Fragen, wenn es passt, in Ihr Arbeitsleben ein, denn: Wenn Sie sich verändern, verändert sich das System, in dem Sie sich bewegen und die Menschen, mit denen Sie arbeiten.

Übung

Mit Hypothesen arbeiten

Systemisch Denken bedeutet, mit Hypothesen zu arbeiten. Eine Hypothese ist eine vorläufige, im weiteren Verlauf zu überprüfende Annahme über das, was ist. Sie dient als Erkenntniswerkzeug, die Untersuchungen zu der Frage anregt, ob eine Hypothese beizubehalten oder zu verwerfen ist. Ihre Nützlichkeit misst sich an ihrer Ordnungsfunktion und an ihrer Anregungsfunktion, denn sie soll neue Sichtweisen bieten, neue Möglichkeiten aufwerfen oder untersuchen. (Schlippe & Schweitzer, 2007).

Hypothesen bilden die Grundlage, um entsprechende Fragen zu stellen und Sachverhalte zu hinterfragen. Dabei gilt es, nicht im Übermaß von der eigenen Hypothese überzeugt zu sein, sondern sie als Werkzeug zu nutzen, um Fragen zu stellen. Der Grundsatz „Man darf mit seinen Hypothesen flirten, sie aber nicht heiraten", den ich in meiner systemischen Ausbildung aufgeschnappt habe, sollten Sie hier beherzigen. Folgende Fragearten können laut Schlippe/Schweitzer dabei hilfreich sein:

Fragearten

Fragen zur Wirklichkeitskonstruktion (Fragen, die aktuelle Beziehungsmuster deutlich machen), wie:

Fragen zum Auftragskontext:
- Wer hatte die Idee zu ...?
- Was möchte er/sie, was passieren soll?
- Wer will hier was von mir?
- Wer ist optimistisch, wer skeptisch?
- Was müsste ich (müssten wir) tun, um die Erwartungen zu erfüllen?
- Was müsste ich (müssten wir) tun, damit es ein Misserfolg wird?

Fragen zum Problemkontext:
- Aus welchen Verhaltensweisen besteht das Problem?
- Wo und wem wird es gezeigt?
- Woran würde ich erkennen, dass es gelöst ist?
- Wie erkläre ich mir, dass das Problem entstanden ist?
- Was hat das in den Beziehungen verändert, als das Problem begann?
- Was würde sich in den Beziehungen verändern, wenn das Problem wieder aufhören würde?

Fragen zur Möglichkeitskonstruktion (Fragen, die bisher noch nicht verwirklichte Beziehungsmöglichkeiten durchspielen):
- Wie habe ich es geschafft, das Problem in anderen Zeiten nicht auftreten zu lassen?
- Was habe ich und andere in diesen Zeiten anders gemacht?
- Wenn das Problem plötzlich weg wäre, was wäre dann anders?

Problemorientierte Fragen (Verschlimmerungsfragen):
- Was müsste ich tun, um das Problem zu behalten oder zu verewigen?
- Wie könnte ich mich und die anderen unglücklich machen, wenn ich dies wollte?

- Wofür wäre es gut, das Problem noch eine Weile zu behalten?
- Was würde schlechter, was besser, wenn das Problem weg wäre?

Hintergrund

Das Wort „System" kommt ursprünglich aus dem Altgriechischen und bedeutet übersetzt „Aus mehreren Einzelteilen zusammengesetztes Ganzes". Systemisches Denken soll unterstützen, das Wesentliche eines Systems zu erkennen. Hierbei orientiert man sich an den Wechselwirkungen zwischen den verschiedenen Einzelteilen und auf die Gesamtzusammenhänge.

Es wird dabei eine höhere Aufmerksamkeit auf die Entwicklungen gelegt als auf die momentane Situation. Das Wesentliche an einem System sind die Verbindungen zwischen den einzelnen Elementen, denn jedes Element beeinflusst auch alle anderen direkt oder indirekt. Das bedeutet, dass man sich selbst verändern muss, um verändernd auf andere zu wirken. Sobald die Verbindungen unterbrochen werden, funktioniert das System nicht mehr. Jedes einzelne System wird von unterschiedlichen Zielen gesteuert und hat ein typisches Verhalten. Durch systemisches Denken ist es möglich, komplexe Systeme wie zum Beispiel Unternehmen oder Probleme wie Mobbing oder Veränderungswiderstände bei Umstrukturierungsmaßnahmen besser nachvollziehen und lösen zu können.

2.5.2 Stressverstärker eliminieren mit dem ABC-Modell

Anwendungsbereich

Sie haben das Wort „Stress" schon unzählige Male gehört oder selbst verwendet, und gerade als Führungskraft sind Sie stressigen Situationen häufig ausgesetzt. Wenn Sie jedoch spontan erklären sollten, was Stress genau ist, kommen Sie vielleicht ins Stocken. Hinzu kommt, dass jeder Mensch Stress für sich anders interpretiert. Es könnte sein, dass folgende Interpretation geeignet ist, um „Stress" allumfassend zu skizzieren:

„Stress bedeutet, wenn man etwas anders haben will, als es ist." (Helmut Nowak) Das bedeutet, dass der Unterschied zwischen den Anforderungen und Ihrer Wahrnehmung davon, wie gut Sie die Situation bewältigen können, darüber bestimmt, wie viel Stress Sie empfinden.

Es geht darum, dass ein wahrgenommenes Ereignis beurteilt wird und daraus eine Reaktion entsteht. Wenn es nun gelingt, das Ereignis abzumildern oder die Gültigkeit der eigenen Beurteilung zu hinterfragen oder Alternativstrategien für einen gelasseneren Umgang mit der Situation zu entwickeln, kann damit Stressempfinden vermindert oder abgewendet werden.

Stress gehört unweigerlich zu unserem Leben. Es geht um die Balance des Stressempfindens: Denn zu viel Stress fühlt sich nicht gut an und wirkt sich negativ aus. Zu wenig Stress bedeutet geringere Motivation, Sie verpassen möglicherweise etwas und riskieren zu wenig.

Übung

Paul Watzlawick

Eine beispielhafte Geschichte aus dem Alltagsgeschehen, geschrieben von dem Kommunikationswissenschaftler Paul Watzlawick, die auf den Punkt das ABC-Modell in Aktion beschreibt, lesen Sie hier:

Ein Mann will ein Bild aufhängen. Den Nagel hat er, nicht aber den Hammer. Der Nachbar hat aber einen. Also beschließt der Mann, hinüberzugehen und ihn sich auszuleihen. Doch da kommt ihm ein Zweifel: „Was, wenn der Nachbar mir den Hammer nicht leihen will? Gestern schon grüßte er mich nur so flüchtig. Vielleicht war er in Eile. Vielleicht hat er die Eile nur vorgetäuscht und er hat was gegen mich. Und was? Ich habe ihm nichts getan; der bildet sich da etwas ein. Wenn jemand von mir ein Werkzeug borgen wollte, ich gäbe es ihm sofort. Und warum er nicht? Wie kann man einem Mitmenschen einen so einfachen Gefallen abschlagen? Leute wie dieser Kerl vergiften einem das Leben. Und dann bildet er sich noch ein, ich sei auf ihn angewiesen. Bloß weil er einen Hammer hat. Jetzt reicht´s mir wirklich!" Und so stürmt er hinüber, läutet, der Nachbar öffnet, doch bevor er „Guten Tag" sagen kann, schreit ihn der Mann an: „Behalten Sie ihren Hammer!"
– Paul Watzlawick: Anleitung zum Unglücklichsein, 1988

Die Stress-Sequenz sieht in etwa so aus:

- Die Entscheidung, den Hammer beim Nachbarn zu leihen (A),
- führt zu konstruierten Gedanken über den „niederträchtigen" Nachbarn (B).
- Es entsteht potenzieller Stress (C).

Das, was in Phase „B" passiert, bestimmt, wie viel Stress Sie empfinden: Ihre Annahmen, Gedanken, Wahrnehmungen und Interpretationen. *Sie können versuchen, Ihr „A" zu ändern.* Das bedeutet, die Situation zu ändern. Der dichte Verkehr auf dem Arbeitsweg stresst Sie? Dann fahren Sie zu einer früheren Zeit von zu Hause los oder probieren einen alternativen Weg aus. Sind Ihre Termine zu eng getaktet? Überdenken und verändern Sie Ihr Zeitmanagement.

Sie können versuchen, Ihr „B" zu ändern. Auch wenn Sie nicht alle Situationen und Ereignisse, die Ihren Stress auslösen, verändern können, können Sie Ihre Wahrnehmung verändern. Sie werden feststellen, dass eine Menge erlebter Stress selbst erzeugt ist und können somit Ihr Augenmerk auf andere Dinge richten.

Sie können versuchen, Ihr „C" zu ändern. Auch wenn Sie die Situation an sich und die Art, wie Sie die Situation einschätzen, nicht ändern können, können Sie sich auf den Weg machen, andere, stärkende Fähigkeiten zu optimieren. Körperliche und geistige Entspannung gehören hierzu. Sie können lernen, gelassener zu sein und den Stress abzuschalten.

- Denken Sie über den Auslöser „A" nach: Was ist der innere oder äußere Stressauslöser?
- Was ist Ihr Bewertungsmuster „B"? Was ist die durch Ihre „Wahrnehmungsbrille" gefilterte „Wahrheit"? Was sind Ihre gewohnheitsmäßigen und automatischen Gedankenmuster?
- Was ist daraus die Konsequenz „C"? Was sind Ihre Stressreaktionen auf körperlicher, gedanklicher, gefühlsmäßiger und verhaltensmäßiger Ebene?

Hintergrund

Albert Ellis

Den Ursprung hat das „ABC-Modell" nach Ellis in der Verhaltenstherapie. Es wurde von dem US-amerikanischen Psychologen Albert Ellis entwickelt. Mit diesem Modell kann man die Selbstreflexion fördern. Ziel ist es, unerwünschte kognitive Muster zu durchbrechen und durch neue zu ersetzen. Ein notwendiger Schritt, um die Widerstandskraft in Krisen, bei Konflikten und Herausforderungen zu stärken.

Die Grundlage des ABC-Modells ist das Bewusstwerden des eigenen Stressempfindens. Das Modell ist tatsächlich so einfach, wie es sich anhört:

- **A** steht für „Activating Event", die stressauslösende Situation.
- **B** steht für „Beliefs", also Ihre Gedanken, Wahrnehmungen und Annahmen über A.
- **C** steht für „Emotional Consequence", die Stressreaktion.

Durch diese bewusste Vergegenwärtigung realisieren Sie die Stressauslöser und können sie gezielt ersetzen. Machen Sie sich dies zur

Gewohnheit und eliminieren Sie potenzielle Stressverstärker. Dadurch werden Sie mehr Zeit für das Wesentliche haben und gestärkt den Herausforderungen des Arbeitslebens begegnen können. Der Schritt von A zu C passiert meist hoch automatisiert. Daher ist es erforderlich, Bewusstheit zu entwickeln, um auf „Handsteuerung" zu gehen. Dies gelingt mit der Methode der Achtsamkeit.

2.5.3 Naikan – Verantwortung für sich selbst entwickeln

Anwendungsbereich

Ich möchte Ihnen eine Übung vorstellen, die durch die Anwendung von drei Fragestellungen in verschiedenen Bereichen nützlich sein wird, zum Beispiel, wenn Sie neugierig auf sich selbst sind, Veränderungen im Beruf anstehen, es um ein ganz aktuelles Thema geht, um bewusst eine Auszeit zu nehmen oder um Sachverhalte objektiv zu beleuchten. Vor allem eignet die Methode sich jedoch, um sich auf die eigene Verantwortung einzulassen.

Übung

Achtsamkeits-basierte Methode

Schaffen Sie sich bewusst eine ruhige Atmosphäre, um sich nacheinander auf diese drei Fragestellungen einzulassen. Beispielsweise könnten Sie mit der Methode einen schwierigen Mitarbeitenden beleuchten. Die dritte Frage ist besonders geeignet, häufig wiederkehrende Verhaltensmuster bei sich selbst zu erkennen und durch die wiederholte Bewusstmachung aufzulösen. Die Fragestellungen können gleichermaßen auf Themen (wie zum Beispiel Beruf), Personen oder Dinge angewandt werden. Sie nehmen anhand dieser drei Fragen eine andere, facettenreiche Perspektive ein. In einer entspannten Atmosphäre vergegenwärtigen Sie sich Ereignisse, und dies ohne Beschuldigungen, Wertungen und vor allem Selbstbeschuldigungen.

Die drei Fragen der achtsamkeitsbasierten Methode lauten:

1. Was hat die Person, oder Sache, die ich betrachte, in einem bestimmten Zeitraum für mich getan/für mich gebracht?
2. Was habe ich in diesem Zeitraum für die Person/diese Sache getan?
3. Welche Schwierigkeiten habe ich der Person/der Sachlage in diesem Zeitraum bereitet?

Hintergrund

Der Begriff „Naikan" kommt aus dem Japanischen und bedeutet übersetzt „nai" = innen, „kan" = beobachten, also innere Beobachtung oder Innenschau. Diese Methode ist ein Weg, der zur Selbsterkenntnis führen kann, sich also zielgerichtet und einfach wertfrei zu erforschen (mehr hierzu: www.naikan.de).

2.5.4 Resilienz durch Flow-Erleben

Anwendungsbereich

Lenken Sie Ihre Aufmerksamkeit auf Dinge, die Sie gerne tun. So stärken Sie Ihr Wohlbefinden und sorgen durch das Trainieren von Flow dafür, dass Ihre Resilienz durch das Glückserleben weiter ausgebaut wird. Sie verbringen viel Zeit bei und mit der Arbeit: Gestalten Sie die Arbeit daher so erfüllend, wie es möglich ist. Auch die Mitarbeiterbindung ist ein zentrales Thema in Unternehmen. Emotionale Bindung kann durch Flow-Erleben intensiver gelebt werden. Wie erleben Sie Flow? Sie können tagtäglich in diesen Zustand gelangen. Zum Beispiel bei der Arbeit oder täglichen Routinen wie Autofahren.

Übung

- Setzen Sie sich Ziele!
- Vertiefen Sie sich in Tätigkeiten, die Sie gerne tun!
- Verweilen Sie im gegenwärtigen Moment!
- Genießen Sie das darauf folgende Flow-Erlebnis!

Czikzentmihályi zufolge muss eine Tätigkeit, um zu einem Flow-Zustand zu führen, folgende Bedingungen erfüllen:

1. Sie wird zum Selbstzweck ausgeführt.
2. Die Ziele der Tätigkeit sind klar und vermitteln ein sofortiges Feedback.
3. Die Herausforderung ist weder zu leicht noch zu schwierig, sondern befindet sich in Balance mit den Fähigkeiten der ausübenden Person.
4. Die Aufmerksamkeit ist vollkommen auf die Tätigkeit fokussiert.
5. Die Tätigkeit wird zu etwas Spontanem, fast Automatischem.
6. Das Gefühl von Mühelosigkeit stellt sich ein.
7. Das Gefühl, erfolgreiche Kontrolle auszuführen, stellt sich ein.

(Czikzentmihályi, 2019)

Hintergrund

Mihály Csikszentmihályi

Das absolute Versinken in einer Tätigkeit, worüber man Raum und Zeit vergisst, nennt man Flow. Man erlebt währenddessen ein Glücksgefühl. Das Gute dabei ist: Dieser Zustand kann trainiert werden! Resilienz kann durch das Erleben von Glücksgefühlen gestärkt werden. Der Begriff „Flow" stammt von dem Psychologen und Glücksforscher Mihály Csikszentmihályi und heißt übersetzt „fließen, strömen".

2.5.5 Handlungsspielräume erkennen: Das Opfer-Gestalter-Modell

Anwendungsbereich

Opferprinzip – Gestalterprinzip

Klagen und Jammern, ohne selbst in die Veränderung gehen zu wollen, beschreibt das *Opferprinzip*. Dinge selbst in die Hand zu nehmen und aktiv zu werden, entspricht dem *Gestalterprinzip*.

Der Gestalterbereich ist eine Herausforderung, doch wenn man die nötige Disziplin zeigt, erntet man! Durch neue Erfahrungen gewinnt man Selbstvertrauen und den Mut, häufiger Gestalter des eigenen Lebens zu werden. Doch wie wird man in einer festgefahrenen Situation zum Gestalter?

Übung

1. Analysieren Sie die Situation und Zielklärung
   - Was macht mich unzufrieden?
   - Worüber spreche ich häufiger und beklage mich?
   - Was möchte ich anders haben?
   - Wie würde es weitergehen, wenn ich nichts unternähme?
   - Woran genau würde ich feststellen, dass ich mein Ziel erreicht habe?

2. Entwickeln Sie Lösungsmöglichkeiten
   - Was kann ich verändern?
   - Was muss ich tun und mit wem muss ich sprechen, um etwas zu verändern?
   - Wer aus meinem Netzwerk kann mich dabei unterstützen?

3. Kommen Sie ins Handeln
   - Bis wann erledige ich den ersten, bis wann den zweiten Schritt?
   - Welche Schwierigkeiten muss ich einkalkulieren?
   - Wie kann ich mich ggf. schützen?
   - Wie oder durch was erhalte ich meine Motivation aufrecht?

4. Entwickeln Sie Handlungsalternativen
   - Welche Möglichkeiten habe ich, wenn mein Plan nicht funktioniert?
   - Wen kann ich zu Rate ziehen?

(Weber & Ullmann)

Diese Fragen zum Selbstcoaching bis hin zum Gestalter können Ihr Gerüst für schwierige Situationen sein. Um sich zu entschließen, aus einer degressiven Haltung in eine aktive Haltung zu gelangen, muss man sich in Sachen Motivation schlussendlich einen inneren Schubs geben und beginnen.

Hintergrund

Stephen Covey

Der geistige Vater des Prinzips, der US-Managementguru Stephen Covey, unterscheidet zwischen dem sogenannten Betroffenheitsbereich und dem Einflussbereich eines Menschen: Alle Umstände, die direkten Einfluss auf das Leben haben, ohne dass man sie beeinflussen kann, gehören zum Betroffenheitsbereich. Hierzu zählt beispielsweise das Wetter. Die einzige Möglichkeit ist, sich gut an die Situation anzupassen. Wohingegen man im Einflussbereich selbst Entscheidungen treffen und das Leben nach den eigenen Wünschen ausgestalten kann. Menschen, die ihre Handlungsspielräume erkennen und auch aktiv nutzen, nennt Covey Gestalter. Menschen mit einer Opferhaltung reagieren eher passiv. Wenn sie Schwierigkeiten und Stress haben, grübeln sie und beschweren sich. Sie finden stets Gründe, die sie daran hindern, aktiv zu werden, und sie übertragen die Verantwortung häufig auf andere. Hat man als Führungskraft einen Mitarbeitenden mit Opferhaltung, fordert dieser besonders viel Aufmerksamkeit, denn er ist abhängig von Zuspruch, Ansagen usw. Da bleibt nur noch, dieser Person zu ermöglichen, sich zu reflektieren und eine Haltungsänderung einzunehmen. Menschen mit einer Grundhaltung zum Gestalter glauben hingegen fest daran, etwas bewirken zu können. Lösungsmöglichkeiten werden aktiv gesucht und Initiative gezeigt.

2.6 Methoden zum Faktor Netzwerkorientierung

Ein gut ausgebautes Netzwerk ist privat ebenso wie beruflich unabdingbar und stellt den entsprechenden Rückhalt dar, wenn man selbst Hilfestellung benötigt.

Beim Netzwerken geht es darum, wirkungsvolle Verbindungen zu schaffen, zu pflegen und sich auf diese verlassen zu können, wenn man herausfordernde Lebenssituationen zu meistern hat. So verhilft es einem dazu, resilient zu bleiben und handeln zu können.

2.6.1 Wie ist Ihr Beziehungsgeflecht? – Das soziale Atom

Anwendungsbereich

Netzwerkanalyse

In der Netzwerkanalyse spricht man von „sozialen Atomen“: Diese zeigen auf, wo Personen in einem Gesamtgefüge stehen und wie sie dort verortet sind. Mit dem Instrument des sozialen Atoms ist es möglich, das eigene Netzwerk zu visualisieren und es zu analysieren.

Das persönliche Netzwerk jedes Menschen wandelt sich stetig, immer wieder können neue Beziehungselemente im Netzwerk verortet werden. Wichtig ist, was im Mittelpunkt Ihrer Betrachtung steht: Auch Dinge können im sozialen Atom eine Rolle bekommen, es kommt nur darauf an, welche Bedeutung jemand oder etwas für Sie hat und welche Fragen Sie klären möchten. Es könnte beispielsweise um die Kommunikation am Arbeitsplatz gehen, oder um die eigene Stellung innerhalb des Unternehmens. Ich möchte Ihnen nun die Gelegenheit geben, selbst Erkenntnisse mit der Skizze Ihres sozialen Atoms zu sammeln

Übung

Die Person, um die es geht, wird als Symbol oder mit dem Namen in der Mitte des Blattes platziert.

Nun kommen weitere Elemente hinzu: Nennen Sie möglichst spontan Personen oder Dinge, zu denen eine emotionale Bindung besteht und versehen auch diese mit Symbolen. Zur Vereinfachung werden Frauen mit einem Kreis, Männer mit einem Dreieck dargestellt.

Die Symbole erhalten eine Ziffer: Eine „1“ für das Symbol, welches Sie als erstes gesetzt haben, eine „2“ für das zweite Symbol und so weiter.

Zudem erhält jedes Symbol eine kurze Beschriftung, was oder wen es jeweils darstellt.

Die Nähe oder Distanz zur Ausgangsperson können Sie durch die Entfernung der Symbole zueinander andeuten. Auch über die Größe des Elements können Sie Bedeutung verleihen.

Die einzelnen Symbole werden mit der Hauptperson oder dem Hauptthemenfeld durch Linien oder Striche verbunden. Ein dicker Strich kann hierbei für eine starke Beziehung stehen, ein „Zickzack-Strich" für eine schwierige Beziehung, ein dünner Strick für eine schwache Verbindung. Positive Beziehungen sind durchgängig, während gescheiterte Beziehungen mit kurzen Querstrichen durchgestrichen werden können.

Eine Beispiel-Skizze finden Sie im Download-Bereich

Ihre Aufzeichnung können Sie allein auswerten und interpretieren. Sie können sie aber auch als Gesprächsgrundlage mit einem Coach verwenden. (Meyer, 2017)

Folgende Fragen können für Sie beim Herausarbeiten hilfreich sein:

- Was fällt mir an meinem sozialen Atom auf?
- Wer steht der zentralen Person oder dem zentralen Themenfeld am nächsten? Wer oder was ist am entferntesten?
- Wo bestehen enge Beziehungsgeflechte?
- Wer oder was sorgt für Turbulenzen, verursacht Stress?
- Wer oder was gibt Energie? Warum?

Hintergrund

Jacob Levy Moreno

Der Psychiater und Soziologe Jacob Levy Moreno (1889-1974) prägte den Begriff des sozialen Atoms. In Bezug auf die Soziometrie ist das soziale Atom ein theoretisches Konzept, welches besagt, dass die Struktur eines Gesamtnetzwerkes in immer kleinere Bestandteile geteilt werden kann, bis zu einer einzelnen Person innerhalb eines Netzwerks. Dieser Kern dieser Person und seine Stellung im Netzwerk bilden das soziale Atom. Das Wort „Atom" kommt aus dem Griechischen und bedeutet so viel wie „unteilbar". Somit ist das Gesamtnetzwerk ein Beziehungsmolekül, das aus zahlreichen sozialen Atomen zusammengesetzt ist. (Meyer, 2017)

2.6.2 Beziehungen visualisieren mit dem Systembrett

Anwendungsbereich

Auch in Arbeitssituationen ist das Verhältnis zu verschiedenen Personen unterschiedlich gut. In der Regel hat dies Gründe. Mit der Metho-

System-aufstellung

de der Systemaufstellung können Sie bestehende Beziehungsgeflechte auf plastische Weise visualisieren. Dies wiederum verschafft Ihnen gute Ansätze, zu hinterfragen, warum beispielsweise Schwierigkeiten entstehen und ob sich etwas ändern würde, wenn Beziehungen anders wären.

Übung

Die Herangehensweise dieser Methode ist mit der Methode des sozialen Atoms vergleichbar, allerdings mit dem Unterschied, dass man hier keine Aufzeichnung auf einem Blatt Papier macht, sondern die Beziehungen als Figuren zueinander hinstellt. Das hierfür eingesetzte Systembrett dient dazu, Beziehungen zu Nähe und Distanz symbolisch darzustellen. So ermöglicht Ihnen die Aufstellung beispielsweise, Ihre Ideen und Gedanken zu einer belastenden Situation auf dem Brett in Form von Figuren zueinander zu platzieren. Hierbei kann man auch mit den jeweiligen Größen der Figuren hantieren, die Hauptperson bzw. der wesentliche Betrachtungsgegenstand erhält beispielsweise stellvertretend die größte Figur, Nebenfiguren kleinere Größen. Die Distanz oder Nähe sagt etwas über die Beziehungen aus.

Durch die Aufstellung wird das Problem sichtbar, somit entstehen Lösungsideen. Schon das Aufstellen der Figuren auf dem Brett sorgt für Aha-Effekte. Sie sehen bildlich das Konstrukt Ihres derzeitigen Problems vor sich stehen. Wenn Sie nun gewisse Figuren einfach einmal woanders platzieren, erfahren Sie sogleich, wie die Situation sich verändert darstellt. Dies sind Lösungsansätze, die sich darbieten. Zudem können Sie sich auch bei dieser Variante verschiedenste Fragen stellen:

- Wie wirkt sich das Problem auf mein Arbeitsleben aus?
- Wer hat welchen Einfluss auf das Problem?
- Wie habe ich mich zu meiner jetzigen Sichtweise verführen lassen?
- Welchen Einfluss habe ich auf die Veränderung des Problems?

Hintergrund

Das Systembrett ist ein Instrument, das ursprünglich in der Familientherapie entwickelt und von Ludewig et al. 1983 vorgestellt wurde. Es ist eher ein Profiwerkzeug von Coachs oder SupervisorInnen. Dennoch lohnt sich die Anschaffung eines Systembretts, da man diese Art von Aufstellungen in fast allen beruflichen, zwischenmenschlichen Kontexten nutzen kann. Durch die visuelle Bewusstmachung werden Sachverhalte und Beziehungsstrukturen auf schnelle Weise deutlich. Das Brett selber funktioniert auch in der Do-it-yourself-Variante.

2.6.3 Energetische Arbeit: Das Unterbewusstsein als Lösungshelfer

Anwendungsbereich

Oft weiß das Unterbewusstsein die Lösung und hält die richtige Entscheidung parat. Hierzu muss dann jedoch das Bewusstsein aus diesem Prozess herausgehalten werden. Dies lässt sich sogar allein durchführen – wenn man einfach der eigenen Intuition vertraut und sich auf die Übung einlässt!

Übung

Hier ein Beispiel einer Ausgangssituation, die Sie mithilfe der energetischen Arbeit angehen könnten: Sie haben ein Problem mit einem Mitarbeitenden und sind unsicher über Ihr Auftreten ihm gegenüber.

Intuitive Arbeit mit Karten

Nehmen Sie sich drei Karten oder Zettel. Schreiben Sie auf je eine Karte einen passenden Begriff auf. Hier wurden sie, passend zur Ausgangssituation, frei gewählt und dienen als Beispiel:

- a) Verantwortung
- b) Kommunikation
- c) Integrität

Verdecken und vermischen Sie anschließend die Karten und legen Sie sie verdeckt auf den Boden.

Gehen Sie nun in die Situation, die sich darstellt und verbinden sich mit ihr. Anschließend stellen Sie sich auf die erste Karte, die vor Ihnen liegt. Was fühlen Sie? Stehen Sie gut und sicher, fühlen sich wohl oder unwohl, unsicher? Gehen Sie von der Karte herunter und beschreiben nochmals innerlich Ihr Erleben. Anschließend fahren Sie mit den anderen beiden Karten genauso fort.

Am Ende bewerten und vergleichen Sie die Karten: Wo haben Sie sich am besten gefühlt, wo weniger gut oder wo am schlechtesten? Decken Sie die Karten auf und sehen Sie, auf welcher Karte Sie beispielsweise größtes Unbehagen erspürten. Die Fragen, die Sie sich jetzt stellen können, lauten beispielsweise:

- Was braucht es zur Lösung?
- Was sagen mir meine erlebten Gefühle?
- Welche Handlungsimpulse eröffnen sich mir?

(Goldberg, 2018)

Hintergrund

Mit dieser Methode können Sie einzelne Situationen mit Netzwerkmitgliedern beleuchten und dabei lernen, Ihrer Intuition auch einen gewissen Freiraum zu geben. Auch bei anstehenden Entscheidungen können Sie genauso verfahren, und beispielsweise nur zwei Begriffe auf die Karten schreiben. Das Gefühl zeigt, was das Unterbewusstsein rät. Oft fühlt man Gewissheit, denn die Lösung liegt ja meist schon in einem verborgen!

2.6.4 Netzwerk stärken

Anwendungsbereich

Es ist wichtig, auf ein gutes Netzwerk zurückgreifen zu können, und auch selbst Präsenz zu zeigen. Zudem will man es schaffen, einen guten Eindruck zu hinterlassen. Man möchte in Erinnerung bleiben. Mit welchen kleinen Gesten kann man zeigen, dass man präsent ist und nicht vergessen werden will?

Oft bleibt zudem kaum Zeit, um sich in vollem Umfang um das eigene Netzwerk in der Form zu kümmern, wie man es sich gern vorstellen würde. Die Zeit reicht einfach nicht aus ...

Wie lässt sich das ändern?

Übung

Hier einige Anregungen, wie Sie Ihr Netzwerk positiv bedienen können:

- Bedanken Sie sich schriftlich bei Ihren Geschäftspartnern für Informationen und Empfehlungen.
- Halten Sie sich gegenseitig über aktuelle Projekte auf dem Laufenden.
- Geben Sie interessante Informationen an Ihr Netzwerk weiter.
- Vereinbaren Sie regelmäßige Treffen.

(Knorr, 2019)

Hintergrund

Wenn Sie sich an diese kleinen Tipps halten, werden Sie feststellen, dass das Vertrauen und die Beziehungen in Ihrem Netzwerk gestärkt werden. Letztlich brauchen diese Dinge kaum Zeit – und sind auch noch eine Bereicherung.

2.7 Methoden zum Faktor Zukunftsorientierung

Zukunftsorientierung bedeutet: die zielgerichtete Planung der eigenen Zukunft. Dazu zählt in erster Linie, in die Handlung zu kommen. Nur so lassen sich eigene Pläne umsetzen. Voraussetzung hierfür sind klar benannte Ziele, um die richtige Richtung anzupeilen. Die nachfolgenden Übungen sollen Ihnen behilflich sein, mehr Klarheit über Ihre Zielvorhaben zu entwickeln, um aktiv handeln zu können.

2.7.1 Zielbilder entwickeln: Sollen – Wollen – Können

Anwendungsbereich

Im Arbeitsleben gibt es Erwartungen und Zielvorgaben hinsichtlich des Zukunftsgeschehens, die man zu erfüllen hat und Ressourcen und Kompetenzen, die einem dafür zur Verfügung stehen. Mithilfe der Aufteilung „Sollen-Wollen-Können" fällt es leichter, die jeweiligen Dringlichkeiten zu unterscheiden.

Übung

Die Verbindung von „Sollen – Wollen – Können" stellen wir uns hierbei als Modell von drei ineinandergreifenden Kreisen vor. Durch die Visualisierung dieses Schemas kann dies für Klarheit in den jeweiligen Positionen helfen. Mit den drei Kreisen werden drei verschiedene Perspektiven beleuchtet. Die Fragestellungen können je nach aufkommendem Arbeitskontext variieren, wobei das Vorgehen, in dem man grundlegende Fragen auf die Situation bezogen stellt, gleich bleibt.

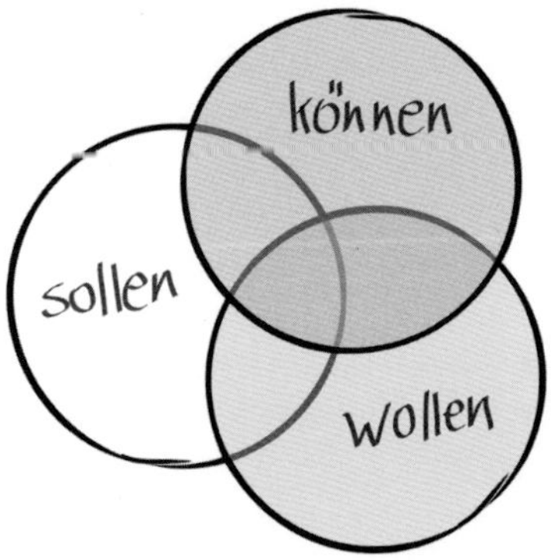

Ermitteln Sie die Schnittmengen

Hier die Fragestellungen rund um die drei Kreise, die es erlauben, Schnittmengen zu identifizieren:

- *Sollen*: Was wird von mir/uns erwartet? Welcher Auftrag liegt vor? Welche Zielsetzung wird verfolgt? Welches Außenbild wird erwartet?
- *Wollen*: Was will ich/was wollen wir? Wo stehe ich/wo stehen wir? Wie sehe ich mich selbst/wie sehen wir uns selbst? Hier geht es darum, was man persönlich oder als Team, Firma oder Abteilung will, ohne Beachtung des Sollens oder Könnens.
- *Können*: Welche Fähigkeiten und Ressourcen habe ich/haben wir? Was kann ich leisten/können wir leisten? Was kann ich nicht leisten/können wir nicht leisten? Es geht um die Umsetzung des Selbst- oder Fremdbildes.

Hintergrund

Wenn Sie eine konkrete Fragestellung mit diesem Vorgehen beleuchten, sehen Sie direkt, welche Schnittmengen es zwischen diesen drei Bereichen „Sollen – Wollen – Können" gibt. Idealerweise treffen sie sich alle in der Mitte. Wenn sich nur zwei Kreise überschneiden, fehlt der Dritte und es entsteht eine sichtbare Lücke. Aus dieser Klarheit heraus lassen sich entsprechende Maßnahmen ableiten, um diese Lücken zu schließen. Das Ziel ist es, eine Übereinstimmung im Zentrum der drei Kreise zu erlangen. Der Leitsatz kann lauten: „Ich will, was ich soll und kann das auch." Dieses Vorgehen ist meist auf den Prozess bezogen, in dem auch Probleme schneller sichtbarer werden. Dies wiederum kann dazu beitragen, die drei Kreise in Einklang zu bringen. Mehr hierzu finden Sie unter: https://komfortzonen.de.

Dreiecksmodell von Dirk Bathen

Das sogenannte „Dreikreismodell" ist von einem Prozessberater-Team rund um Dirk Bathen entwickelt worden. (Bathen, 2016)

2.7.2 Ihr persönlicher Wachstumsbaum

Anwendungsbereich

Zielstrebigkeit, Kontaktfähigkeit, Durchhaltevermögen, Mut, Fleiß, Organisationsfähigkeit, Beziehungsfähigkeit ... Mit dieser Methode finden Sie heraus, über welche bekannten und unbekannten oder verschütteten Potenziale Sie verfügen. Hierbei heben und reaktivieren Sie Potenziale, die vielleicht nicht unmittelbar auf der Hand liegen und finden auch heraus, welche Meinungen andere Personen von Ihnen haben bzw. welche Dinge sie an Ihnen schätzen.

Übung

Nehmen Sie sich zunächst ein großes Blatt Papier und einige Farbstifte. Zeichnen Sie spontan einen Baum mit Wurzelwerk und Krone. Schauen

Sie sich die Zeichnung Ihres persönlichen Baums an: Was sagt allein die Art der Zeichnung über Sie aus? Ist der Baum eher gerade gewachsen oder eher krumm und schief? Passt die Darstellung des Baums zu dem Bild, das Sie über sich selbst haben? Dies nur als mentale Fingerübung, die Ihnen helfen kann, Ihre Potenziale zu benennen.

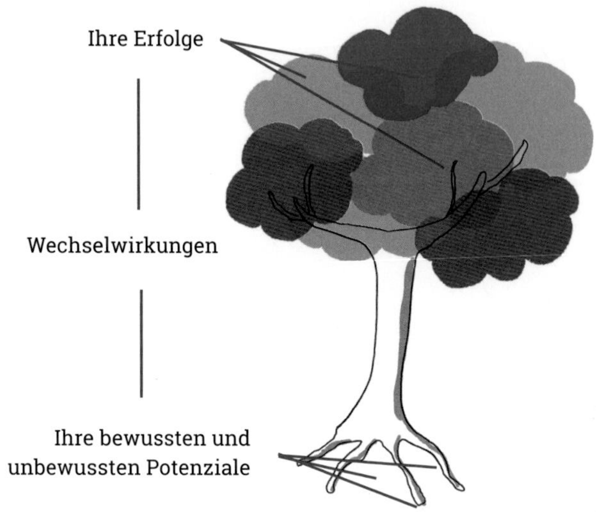

Schreiben Sie nun alle Ihre Potenziale, die Ihnen bewusst sind, die Ihnen spontan einfallen, in den Wurzelbereich: Das können charakteristische Persönlichkeitsmerkmale sein, Talente, Fähigkeiten und Kenntnisse, Kompetenzen.

Selbsteinschätzungen

Nun haben Sie bereits die Potenziale gesammelt, über die Sie sich bewusst sind. Das sind jedoch längst noch nicht alle. Um sich Ihrer weiteren Potenziale bewusst zu werden, erinnern Sie sich, was andere Menschen, beispielsweise ArbeitskollegInnen oder Chefs an Ihnen schätzen. Zur Einschätzung können folgende Fragen hilfreich sein:

- Mit welchen Themen und Anliegen kommen andere Menschen, Vorgesetzte, Mitarbeitende üblicherweise auf mich zu?
- Welche Fähigkeiten werden dabei von mir gebraucht?
- Was wird genau von mir erwartet?
- Welche Nachfragen freuen mich am meisten? Wobei kann ich sofort helfen?

Es ist wahrscheinlich, dass sich ein bestimmtes Muster erkennen lässt. Können Sie Ihrer persönlichen Selbsteinschätzung vielleicht weitere Potenziale hinzufügen, die Sie aus typischen Anliegen von Dritten ableiten, die Ihnen vielleicht bisher gar nicht bewusst waren? Falls ja, tragen Sie auch diese in das Wurzelwerk Ihrer Darstellung ein.

Fremd-einschätzungen

Nun können Sie Ihre Erkenntnisse zu bisher unbewussten Potenzialen noch ergänzen, indem Sie Menschen aus Ihrem Umfeld direkt fragen, welche Dinge Sie an Ihnen schätzen: KollegInnen, Vorgesetzte, KundInnen, GeschäftspartnerInnen beispielsweise. Dieses Feedback von Dritten dient dazu, das Bild über Ihre Potenziale weiter zu vervollständigen.

Was aber schlummert noch in Ihnen? – Widmen Sie sich nun der Baumkrone: Was haben Sie bisher in Ihrem Arbeitsleben erreicht? Notieren Sie kleine und große Dinge, Erfolge, alles, was Ihnen als wichtige positive Ereignisse in Erinnerung blieb. Diese Erfolge konnten sich nur einstellen, weil Sie auf vorhandene Fähigkeiten in sich zurückgreifen konnten. Schauen Sie sich Ihre Krone an und überlegen Sie, welche Potenziale zur Realisierung der jeweiligen Erfolge notwendig waren und notieren Sie diese.

Nun liegt ein ausgearbeiteter, persönlicher Wachstumsbaum vor Ihnen. Sind Sie überrascht? Sie sehen auf dem Papier Potenziale, die Sie nicht von Anfang an hätten benennen können. Nun können sie dazu dienen, dass Sie sich ihrer bewusst zu werden und diese Potenziale fortan auch bewusst und gezielt nutzen!

Hintergrund

Sie können nur die Potenziale nutzen, die Sie auch kennen. Es stellt sich jedoch so dar, dass wir uns nicht allen innewohnenden Fähigkeiten, Talente, Persönlichkeitsmerkmale und Kompetenzen bewusst sind. Einige müssen erst ans Licht kommen. Hierfür kann es hilfreich sein, sich diese vor Augen zu führen, zu visualisieren. Die Methode des Wachstumsbaumes hat sich bewährt, um sich dieser unbewussten Potenziale bewusst zu werden.

2.7.3 Zeitmanagement: Küss den Frosch

Anwendungsbereich

Zukunftsorientierung bedeutet Prioritäten setzen. Brian Tracys Empfehlung: Am Morgen, direkt nach dem Frühstück, ist die Motivation bei den meisten Menschen am höchsten. Der Blutzuckerspiegel ist ausgeglichen und trägt entsprechend dazu bei. Wie kann man sich dies am besten zunutze machen?

Übung

Es bietet sich an, den Arbeitstag grundsätzlich mit der „hässlichsten" Aufgabe zu starten. Sie sollten es nutzen, dass Ihre Konzentration und Ihre Energie am höchsten sind und deshalb: Erledigen Sie die wichtigste oder unbequemste Aufgabe des Tages am besten direkt am Beginn des Arbeitstages.

Wenn Sie diese einfache Regel an jedem Arbeitstag beachten, unterstützt dies nicht nur Ihre Umsetzungsfähigkeit, es wird sich automatisch auch ein gutes Gefühl ausbreiten und Ihre Produktivität wird Sie auch den Rest des Tages antreiben und hochhalten. Diese Zeitmanagement-Methode ist simpel und hat dennoch eine massive Wirkung. Sie liefert den größten Mehrwert für Sie selbst und Ihr Arbeitsleben.

Hintergrund

Brian Tracy

„Eat the frog" ist ein Zitat von Mark Twain, bekannt geworden durch den US-Managementtrainer Brian Tracy, und sagt nichts anderes aus als: Erst die Arbeit, dann das Vergnügen!

2.7.4 Die künftige Wirkung von Entscheidungen abschätzen: Die 10-10-10-Methode

Anwendungsbereich

Einerseits ist das effektive Treffen von Entscheidungen für die Zeitplanung wichtig, andererseits aber auch im Arbeitsalltag hilfreich und nützlich. Wie kann das einfach und schnell gelingen? Durch die objektive Betrachtung der Auswirkung von Entscheidungen fällt es leichter, unwichtige Aufgaben auszusortieren. Die folgende Methode dient zudem der Selbstreflexion und ist ein universelles Instrument bei allen kleinen und großen Entscheidungen, die es zu treffen gilt.

Übung

Bei der 10-10-10-Methode geht es darum, dass Sie sich jedes Mal, wenn Sie vor einer Entscheidung stehen, sofort folgende Fragen stellen:

Welche Konsequenzen hat meine Entscheidung ...

- in 10 Minuten?
- in 10 Monaten?
- in 10 Jahren?

Durch diesen direkten Vergleich erlangen Sie genügend Abstand und eine bessere Perspektive zur Entscheidung.

Hintergrund

Die 10-10-10-Methode wurde von Suzy Welch, einer amerikanischen Autorin und Wirtschaftsjournalistin, entwickelt und kann dabei helfen, schnellere und sichere Entscheidungen zu treffen. Das dahinter liegende Prinzip ist, dass Sie Ihre Entscheidungen in Bezug auf ihre Auswirkung in unterschiedlichen Zeitdimensionen beurteilen.

Suzy Welch

2.7.5 Kanban als One-Minute-to-do-List

Anwendungsbereich

Der positive Effekt dieser Zeitmanagement-Methode ist die Schnelligkeit der Umsetzung. In einer Minute haben Sie sich einen Überblick darüber verschafft, welche Aufgaben dringend und zugleich möglich sind, aber auch darüber, was nicht geschafft werden kann bzw. sofort erledigt werden muss. Dies können Sie entsprechend in Ihre Planung mit einbeziehen und Sie behalten somit den Gesamtüberblick.

Übung

Im klassischen Kanban kennt man die Aufteilung von Arbeitsaufgaben in drei Spalten:

To dos (noch zu erledigen)	Doing (in Arbeit)	Done (erledigt)

Michael Linenberger, ein US-amerikanischer Zeitmanagement-Spezialist, hat diese Idee zu einer echten Zeitmanagement-Methode weiterentwickelt. Er adaptiert das Spaltensystem eines Personal-Kanban, und zwar so:

Personal-Kanban

Critical now (dringend heute)	Opportunity now (möglichst heute)	Over the horizon (später erledigen)

Sie sortieren Ihre Aufgaben nun in die gewählten Spalten ein und unterscheiden, welche Aufgaben heute wichtig sind, also dringend erledigt werden sollten, was bald wichtig wird oder irgendwann mal wichtig sein wird. So haben Sie im Nu einen Überblick über die Priorisierung Ihrer Aufgaben.

Hintergrund

Michael Linenberger

Ursprünglich ist Kanban eine Methode aus der Produktionsprozesssteuerung. Sie wurde vom japanischen Automobilbauer Toyota in den 1950er-Jahren entwickelt. Es handelt sich um ein Planungssystem, in dem die jeweilige Fertigungsstufe optimal gesteuert werden soll. Kanban hilft beim Visualisierungsprozess der Arbeitsabläufe.

Linenbergers Empfehlung hierzu lautet, zu versuchen, nicht mehr als fünf Aufgaben in die erste Spalte zu notieren – um diese auch realistisch bewältigen zu können. Die zweite Empfehlung lautet, die Liste täglich neu zu überprüfen. Wer sich daran hält, schafft die Aktualisierung tatsächlich innerhalb einer Minute.

Bis zu diesem Punkt haben Sie zahlreiche Empfehlungen erhalten, wie Sie Ihre eigene Resilienz stützen können. Zum Abschluss dieses Kapitels können Sie eine Fantasiereise zu den sieben Resilienzfaktoren unternehmen. Sie steht Ihnen als Audio-Datei im Download-Bereich zur Verfügung.

Audio-Datei mit einer Fantasiereise durch die sieben Resilienzfaktoren finden Sie im Download-Bereich

In der zweiten Hälfte des Buchs beschäftigen wir uns nun mit der Fragestellung, wie es Ihnen gelingen kann, auch die Belastungsfähigkeit Ihrer Mitarbeitenden zu verbessern. Eine gesunde Mitarbeiterführung wird genau hier die Weichen stellen können, wie gut sich die Organisation im Wettbewerb halten wird.

Durch den Wandel der Arbeitswelt haben sich einerseits die Arbeitsanforderungen und andererseits die Arbeitsbelastungen und -beanspruchungen verändert. In vielen Bereichen sind die Anforderungen in Bezug auf die psychischen Belastungen gestiegen. Ebenso wie körperliche Fehlbelastungen wirken sich im hohen Maße auch die psychischen Belastungen negativ auf die Gesundheit der Mitarbeitenden aus. Nach Erhebung der Europäischen Kommission verursachen allein die Folgeerkrankungen psychischer Fehlbelastungen in der Arbeitswelt Kosten in Höhe von 20 Milliarden Euro. (Inqa-Bericht)

Es ist also nicht bloß die reine Fürsorgepflicht, die eine Auseinandersetzung mit diesem Thema so dringlich macht, es sprechen auch ausreichend wirtschaftliche Gründe dafür. Die gute Nachricht: Es gibt zahlreiche Wege, die Belastungszustände Ihrer Mitarbeitenden zu erkennen, um rechtzeitig entgegensteuern zu können und die Belastung zu entschärfen. Noch besser ist es, wenn es Ihnen gelingt, dass die Herausforderungen des Arbeitsalltags als weniger belastend wahrgenommen werden.

3 Gesunde Mitarbeiterführung

Der Balanceakt einer Führungskraft ist, mit den Mitarbeitenden zurechtzukommen, die zur Verfügung stehen. Diese sind teils beeinträchtigt, krank oder schon im gehobenen Alter. Führungskräfte haben einen großen Einfluss auf die Arbeitsfähigkeit ihrer Mitarbeitenden – und diesen gilt es zu nutzen! Das Sprichwort von Laotse: *„Wer Menschen führen will, muss hinter ihnen gehen"* bestätigt diesen Ansatz. Ein gesunder Führungsstil lässt sich trainieren.

In Kapitel 2 haben Sie bereits erfahren, wie Sie Ihre eigene, persönliche Resilienz stärken können. Diese ist die wesentliche Voraussetzung, um gesunde Mitarbeiterführung zu leben. Denn nur wenn es Ihnen gut geht, können Sie sich auch adäquat um die Gesundheit der Mitarbeitenden bemühen. Zudem haben Sie eine Vorbildfunktion inne, die sich auf die Mitarbeitenden überträgt. Sie haben als Führungskraft die Möglichkeit, durch gesunde Führung für ein gesundes Umfeld und Arbeitszufriedenheit zu sorgen und die Resilienz Ihres Teams zu stärken. Wie das konkret gelingen kann, erfahren Sie im Kapitel 3.2. Vorher befassen wir uns kurz mit der Salutogenese. Das Modell bietet Antworten auf die grundsätzliche Frage, was Menschen nicht krank, sondern vielmehr gesund macht. Der darin enthaltene Selbstwirksamkeitsaspekt kann sowohl eine Denkanregung fürs eigene Mindset sein als auch einen wertvollen Impuls für die Verschiebung der Einstellungen Ihres Teams darstellen. In den Kapiteln 3.3 und 3.4 können Sie auf einen Fundus unterschiedlicher Handlungsleitlinien zurückgreifen, die Ihnen den intensiven und vielseitigen Arbeitsalltag etwas einfacher gestalten sollen. Je nach Bedarf und Situation können Sie einfach das Thema nachschlagen, was Sie gerade beschäftigt – und den Gesprächsablauf mit dem Teammitglied so strukturieren, dass er zu dessen Arbeitsfähigkeit und -bereitschaft beiträgt.

3.1 Wie entsteht Gesundheit?

Die Salutogenese

Aaron Antonovsky, ein amerikanisch-israelischer Professor der Soziologie, prägte das Modell der Salutogenese. Dieser Begriff bedeutet übersetzt: „Entstehung von Gesundheit". Antonovsky stellte sich die Frage, warum zwei Menschen, die dem gleichen Stresslevel ausgesetzt sind und dieselben Ressourcen zur Verfügung haben, dennoch so grundsätzlich verschieden reagieren können. Eine Person wird krank, die andere nicht.

Antonovsky zufolge entwickelt der Mensch im Laufe seines Lebens Widerstandsressourcen, also Merkmale, die als besonders wirksame Potenziale zur Bewältigung von Stressoren gelten. Dazu gehören etwa starke soziale oder familiäre Bindungen, eine gute körperliche Verfassung, starke Überzeugungen, ein stabiles Selbstwertgefühl etc. Je nach Ausprägung bildet sich im Laufe der Zeit ein Vertrauen darin aus, dass das eigene Leben sinnvoll und beherrschbar ist. Es entwickelt sich das sog. „Kohärenzgefühl", ein zentraler Aspekt in der Salutogenese. Kohärenz beschreibt die Fähigkeit eines Menschen, die ihm gebotenen Ressourcen zu nutzen, um sich gesund zu halten.

Das Kohärenzgefühl

Ein Mensch mit gutem Kohärenzgefühl zeichnet sich nach Antonovsky durch drei Aspekte besonders aus:

- Er besitzt die Fähigkeit, die Zusammenhänge des Lebens zu verstehen.
- Er hat die innere Überzeugung, das eigene Leben gestalten zu können (Selbstwirksamkeitserwartung).
- Und er glaubt an den Sinn des Lebens.

Es geht also um das grundsätzliche Vertrauen ins Leben: Die Herausforderungen, die das eigene Innenleben und die äußerlichen Facetten des Lebens darstellen, zeigen sich kohärenten Menschen als vorhersehbar, erklärbar und strukturiert. Sie können auf innere Ressourcen zurückgreifen, um Anforderungen zu begegnen. Anforderungen werden von ihnen als Herausforderungen betrachtet, sodass sich das Engagement und das Bemühen lohnen.

Ein gutes Kohärenzgefühl zu entwickeln, ist ein geeignetes Instrument, um gesund und im Einklang mit sich selbst zu bleiben. Es zeigt gleichzeitig auf, warum unterschiedliche Menschen auch unterschiedlich auf herausfordernde Situationen reagieren. Jeder Mensch hat, so krank er ist oder sich fühlt, immer noch sehr viele gesunde und funktionierende

Anteile in sich, auf die er sich fokussieren und die er als Ressource nutzen kann. (Antonovsky, 1997)

Als Führungskraft haben Sie Einfluss auf die Kohärenzbildung Ihrer Teammitglieder, indem Sie Einfluss auf deren psychische Gesundheit nehmen. Durch die entsprechende Unterstützung auf der Arbeitsebene können Sie die Widerstandskraft gegen Überbelastungen ausbauen. Werden Aufgaben als verständlich, machbar und sinnvoll betrachtet, stärken Sie die Selbstwirksamkeit Ihrer Mitarbeitenden. Dieser Aspekt ist entscheidend, denn: Der Erfolg des Teams und schließlich auch der Unternehmenserfolg hängen von den Mitarbeitenden ab – sie sind die wichtigste Ressource, die Sie haben!

3.2 Was tun für die Gesunderhaltung meiner Mitarbeitenden?

In einem Bericht „Führungskultur im Wandel" stellte das Projekt der Initiative „Neue Qualität der Arbeit" Ergebnisse aus 400 Interviews mit Führungskräften vor. Die Qualitäten, die unter all den Anforderungen ausdrücklich benannt wurden, sind Motivation, Kooperationsfähigkeit, persönliches Coaching sowie Selbstbestimmung und Wertschätzung.

Gesunde Führung zu leben, gelingt nur dann, wenn man mit sich selbst gut umgeht: Selbstführung ist die Grundvoraussetzung. Gelingt das gut, sind auch die Ressourcen für gesunde Mitarbeiterführung vorhanden. Was aber ist nun wichtig im Zusammenhang mit gesunder Führung von Mitarbeitenden?

- *Achtsamkeit ausdrücken*: Den anderen wahrzunehmen und zu akzeptieren, bewusst und im Hier und Jetzt.
- *Respekt zeigen*: Die Persönlichkeit des/der anderen zu achten, ist unabdingbar.
- *Offenheit wahren*: Sich für die Ideen der Mitarbeitenden zu interessieren.
- *Empathie zeigen*: Die Mitarbeitenden verstehen und dies auch zeigen.
- *Gelassenheit ausdrücken*: Der Ruhepol für die Mitarbeitenden sein.
- *Augenhöhe leben*: Ausdrücken, dass Sie als Führungskraft von den Mitarbeitenden lernen können und umgekehrt genauso.
- *Flexibilität beweisen*: Die Bereitschaft, mit den Mitarbeitenden neue Wege zu gehen.
- *Vertrauen entgegenbringen*: Überzeugt davon sein, dass der/die Mitarbeitende seine/ihre Arbeit gut ausführen kann.
- *Bereit für Feedback sein*: Regelmäßige, offene und ehrliche Rückmeldungen geben und empfangen.
- *Fehlerkultur etablieren*: Fehler gehören zum Arbeitsalltag.

Sich in unterschiedliche Lebenswelten der Mitarbeitenden hineinversetzen

Diese Faktoren beeinflussen die Motivation der Mitarbeitenden und können positiv zur Stressbewältigung beitragen. Ressourcen werden zudem gleichzeitig aufgebaut. Wie kann das konkret umgesetzt und gelebt werden? Die Voraussetzung für das Gelingen der gesunden Mitarbeiterführung ist, sich in die unterschiedlichen Lebenswelten der Mitarbeitenden hineinzuversetzen. Diese Empathie zu zeigen bedeutet, sich authentisch mit den Mitarbeitenden durch Klarheit, auch in Bezug auf Auseinandersetzungen, zu verständigen. Mitarbeitende möchten in erster Linie wahrgenommen werden. Dies kann durch wertschätzendes Miteinander und durch Unterstützung gelingen, zudem sind klare Ansagen und Rückmeldungen erforderlich.

Vor allem prägen unsere Werte im Alltagshandeln unser Wohlbefinden und unsere Arbeitszufriedenheit. Werte sind ethische und moralische Grundhaltungen. Werden die Tätigkeiten im Einklang mit den eigenen Werten und Überzeugungen verrichtet, bildet dies die Grundlage für Gesundheit. Ist dies nicht der Fall, können Krankheiten entstehen. Wo sind also Energie-Engel und Energie-Vampire zu finden? Die Übung hierzu kennen Sie bereits aus Kapitel 2.3.4 (Seite 63 f.), die Sie auch auf die Mitarbeiterführung übertragen können. Was gibt Motivation und Antrieb, in welchen Bereichen gehen diese verloren? In Kapitel 2.2.1 haben Sie vielleicht schon das Thema „Meine Lebens-Werte und ich" bearbeitet (Seite 48). Jeder Mensch hat schon seit seiner Kindheit bestimmte Werte entwickelt, die sich verfestigt haben. Diese auch bei Mitarbeitenden zu erkennen und gleichzeitig zu akzeptieren, kann ein enormer Vorteil im Miteinander darstellen.

Hebel zur Gesunderhaltung

Einige dieser Hebel zur Gesunderhaltung Ihrer Mitarbeitenden könnten Sie bewegen:

- Zeigen Sie Wertschätzung durch konkretes Anerkennen der Leistung.
- Sorgen Sie dafür, dass sich Ihre Mitarbeitenden sicher fühlen können: Begründen Sie Entscheidungen und informieren Sie frühzeitig über zu erwartende Entwicklungen. Transparenz ist an dieser Stelle sehr wichtig, die entsprechende Offenheit ist unerlässlich.
- Zeigen Sie Interesse an Mitarbeitenden. Rückkehrgespräche sollten zum Alltagsgeschäft gehören, aber auch der kurze Small Talk über private Themen kann zu einem positiven Betriebsklima beitragen.
- Unterstützen Sie die Mitarbeitenden bei der Stressbewältigung. Machen Sie Stress zum Thema und kommunizieren Sie die Überlastung – wenn nötig, auch nach oben.
- Sorgen Sie für Gerechtigkeit, behandeln Sie alle Mitarbeitende gleich, auch falls Sie unterschiedliche Sympathien für die Mitarbeitenden haben.
- Reflektieren Sie bewusst mit dem Team, welche Themen Sie bewegen, dies ist auch für den Planungsprozess wichtig. Hierfür eignen sich kurze Reflexionsrunden am Morgen unter dem Motto: „Was bewegt mich?"

Gesundheitsorientierte Mitarbeiterführung wird unter Beachtung dieser Faktoren als Zukunftskompetenz gelebt, damit das Unternehmen und die Mitarbeitenden allen Anforderungen gefestigt entgegenblicken können. Und Sie als Führungskraft sind dabei ein Schlüsselfaktor!

Das nächste Kapitel bietet Ihnen Handlungsleitlinien, die sich auf verschiedene Themen Ihres Führungsalltags beziehen, so zum Beispiel der Umgang mit Burnout-Symptomen eines Mitarbeitenden. Oft stellt sich die Frage, was und auf welche Art etwas gesagt werden darf. Die Handlungsleitlinien sollen Ihnen im herausfordernden Führungsalltag als Hilfe dienen und die nötige Sicherheit geben.

3.3 Handlungsleitlinien für typische Führungssituationen

Lernen Sie nun eine Auswahl an Handlungsleitlinien kennen, die den intensiven und vielseitigen Arbeitsalltag etwas einfacher für Sie gestalten sollen. Je nach Bedarf und Situation können Sie einfach das Thema nachschlagen, was Sie gerade beschäftigt – und den Gesprächsablauf mit den Mitarbeitenden so strukturieren, dass er zu deren Arbeitsfähigkeit und -bereitschaft beiträgt.

Zum besseren Verständnis der Handlungsleitlinien, die ich Ihnen in diesem Kapitel zur Verfügung stellen möchte – und auch für deren erfolgreichere Umsetzung – lohnt sich vorab der Blick auf ein Kommunikationsmodell, das Sie vielleicht schon kennen, das Eisbergmodell nach Freud, und im Anschluss auf eine Diagnostik-Variante, der Psychographie nach Friedmann, mit der Sie andere Menschen besser einzuschätzen lernen.

Das Eisbergmodell

Sigmund Freud – Kommunikation auf zwei unterschiedlichen Ebenen

Das Eisbergmodell drückt aus, wie schwer Kommunikation sein kann, je nach Auffassung und Interpretation der ausgedrückten Botschaft. Das Modell geht auf den Begründer der Psychoanalyse Sigmund Freud (1856-1939) zurück. Es verweist auf die Bedeutung der Kommunikationsebenen, die zunächst nicht offensichtlich sind, denn auch bei einem Eisberg ist nur ein kleiner Teil sichtbar (etwa 20%), während der größere Teil (etwa 80%) unter der Wasseroberfläche verborgen bleibt. Die Ebene des sichtbaren, kleineren Teils des Eisbergs repräsentiert die Sachebene. Hier findet der Inhalt der Kommunikation statt. Die Ebene des nicht sichtbaren Teils wird der Beziehungsebene zugeordnet (Gestik, Mimik oder Tonfall). Störungen auf der Beziehungsebene wirken sich auf die Sachebene aus.

Die beiden Ebenen hängen unmittelbar voneinander ab. Beispielsweise könnten Sie einen Mitarbeitenden um Folgendes bitten: „Sie halten bitte zu diesem Thema einen Vortrag!" Die Botschaft auf der Sachebene ist klar. Auf der Beziehungsebene kann das ganz anders aussehen: Je nach Tagesform und Stressempfinden kann der Mitarbeitende die Botschaft unterschiedlich auffassen. Einerseits könnte er die Botschaft als Wertschätzung betrachten, andererseits kann er mutmaßen, dass Sie als Führungskraft den Vortrag nicht selbst halten wollen und es nur an jemand anderen delegieren.

Für eine erfolgreiche Kommunikation ist es entscheidend, Missverständnisse zu vermeiden. Dies ist auf der Sachebene am einfachsten: Hier kann es helfen, genau zuzuhören, eindeutig zu formulieren, nachzufragen oder Feedback einzuholen. (Hesse/Schrader)

Psychographie nach Friedmann

Wir haben es im betrieblichen Umgang stets mit sehr unterschiedlichen Menschen zu tun, mit sehr voneinander abweichenden Bedürfnissen, Interessen, Einstellungen, Verhaltensmustern, Persönlichkeitseigenschaften. Übt man sich darin, Menschen besser einzuschätzen, so kann man wesentlich differenzierter kommunizieren. Indem man beispielsweise den Sprachgebrauch auf den Menschen individuell anpasst, lässt sich leichter ein Wunsch formulieren, der schneller aufgenommen und umgesetzt wird. Sie kommen mit Ihren Mitarbeitenden eher „in Resonanz". Wenn Sie wissen, was diese für eine Aufgabe „antriggert", was sie im Einzelfall brauchen, um gut arbeiten zu können oder um sich zu entwickeln, kann das ein Vorteil im Umgang miteinander sein – und auch ein Vorteil im Erreichen der vorgenommenen Ziele.

Persönlichkeitsdiagnostik nach Dietmar Friedmann

Um andere Menschen einschätzen und ihre Ressourcen sichtbar zu machen, können Sie auf zahlreiche Methoden aus der Persönlichkeitsdiagnostik zurückgreifen. Eine der typenbasierten Methodiken ist die Psychographie nach dem deutschen Coaching-Entwickler Dietmar Friedmann. Noch eine Anmerkung: Der Versuch, die komplexe Persönlichkeit eines Menschen in Typenmuster einzuordnen, kann verständlicherweise nur eine sehr grobe Einordnung in eine Persönlichkeitslandkarte sein – mit ein wenig Routine kann sie jedoch ein ganz gutes Hilfsmittel der Bewusstmachung darstellen.

Friedmann unterscheidet in seiner Psychographie drei Lebensbereiche: Fühlen (Beziehung), Denken und Handeln. Der Mensch bewegt sich innerhalb dieser Bereiche, um den Aufgaben und Anforderungen des Lebens gerecht zu werden (Friedmann, 2015):

- Der *Beziehungstyp* (Der Mensch mit Gefühl und Esprit): Allen Beziehungstypen ist gleich, dass sie auf der Beziehungsebene präsent sind. Das Beziehungsverhalten kann sich jedoch sehr differenziert darstellen – von kontrolliert bis dramatisierend, konkurrierend und gewinnend, verschlossen oder offen und alle Abstufungen zwischen diesen Verhaltensweisen. Der Beziehungstyp ist vom Fühlen geprägt.

- Der *Sachtyp* (Der Mensch mit Köpfchen und Souveränität): Er stellt sich als schöpferischer Denker dar, er schafft Neues, unbeeindruckt von Konventionen. In ihm kreisen ständig Gedanken. Heinz Rühmann und Woody Allen etwa sind typische Vertreter dieses Sachtyps. Der Sachtyp ist vom Denken geprägt.

- Der *Handlungstyp* (Der Mensch mit Energie und Herz): Er ist sehr aktiv und tüchtig, liebt Ordnung und Sauberkeit, zeigt sehr viel Energie, Tatkraft, Verantwortungsbewusstsein und Fürsorglichkeit bis hin zu authentischer Autorität. Der Handlungstyp ist vom Handeln geprägt.

Jeder Mensch besitzt alle Anteile, nur die Ausprägungen sind etwas unterschiedlich verteilt. Friedman schreibt: „Wenn sich Beziehungstypen gehen lassen, dann unterhalten sie sich, Sachtypen schauen in der Gegend herum oder verlieren sich im Nachdenken und Handlungstypen fangen an zu arbeiten."

Ein Selbsttest

Falls Ihrerseits Interesse entstanden ist, Ihrem Beziehungstypen auf den Grund zu gehen, können Sie im Buch von Friedmann und Fritz „Denken. Fühlen. Handeln." einen Selbsttest durchführen.

Sofern Sie sich im Umgang mit anderen Menschen üben möchten, zwischen diesen drei Typen zu unterscheiden, kann es helfen, schneller in Resonanz mit Ihren Gesprächspartnern zu kommen. Die Kommunikation findet auf derselben Ebene statt, eben weil Sie sich aufgrund der Einschätzung auf die jeweiligen Präferenzen des Menschen einstellen können. Das fördert den empathischen Umgang miteinander. So können Sie beispielsweise den Sprachgebrauch auf den Beziehungstypen abstimmen: „Wie FÜHLEN Sie sich?" Den Sachtypen erreichen Sie besser, indem Sie fragen: „Was DENKEN Sie?" Und den Handlungstypen: „Was wollen Sie TUN?".

Von Vorteil ist, dass Sie als Führungskraft Rückschlüsse ziehen können, für welche Aufgaben ein Mitarbeitender/eine Mitarbeitende besonders gut geeignet ist. Mitarbeitenden genau den Arbeitsbereich zu überlassen, der ihnen aufgrund ihrer Typenbeschreibung sehr gut liegt, ist eine Win-win-Situation: Die/der Mitarbeitende kann ihre/seine Fähigkeiten ausleben und ist zufrieden, und es erleichtert Ihre Arbeit als Führungskraft. Das führt zu einem positiven Arbeitsklima und fördert die Resilienz jedes Einzelnen. Generell hilft es, im Umgang mit verschiedenen Menschentypen zu hinterfragen: Was motiviert diesen Mitarbeitenden? Was braucht sie oder er, um gut arbeiten zu können? Was braucht sie/er noch, um sich zu entwickeln?

Die Einordnung in Persönlichkeitstypen kann für Auswahlverfahren vorteilhaft sein, denn man weiß ziemlich schnell, auf welcher Stelle die Person gut platziert werden kann und in welche Richtung Entwicklungsmöglichkeiten bestehen.

Gemäß Friedmann können Sie noch differenzierter zwischen den verschiedenen Persönlichkeitstypen unterscheiden. Die Typenanalyse gibt Ihnen Optionen, Ihre Mitarbeitenden dabei zu unterstützen, an ihren Qualitäten zu arbeiten, etwa den Sachanteil bei Beziehungstypen zu entwickeln. Denn alle drei beschriebenen Persönlichkeitstypen sind schließlich wertvoll und beinhalten große Stärken. Zur leichteren Unterscheidung ordnete Friedmann den verschiedenen Typen Farben zu. Der Beziehungstyp ist grün gekennzeichnet, der Sachtyp blau und der Handlungstyp rot. So kann man in einer Unterhaltung beispielsweise schnell gedanklich einordnen: „Oh, ein roter Typ, der handelt schnell und gern."

Friedmann beschreibt, dass sich jeder Mensch im Verlauf auf einen bestimmten Lebensbereich spezialisiert, er wird sozusagen zum „Experten" von diesem. Innerhalb dieses Bereichs geht es einem meist gut. Zur gesunden Entwicklung der eigenen Persönlichkeit ist es sinnvoll, die Qualitäten der anderen, vernachlässigten Lebensbereiche zu stärken. Jeder Typ gleicht daher die bereits vorhandenen, aber zu häufig genutzten Stärken durch die Entwicklung des nachfolgenden, vernachlässigten Bereichs aus. Friedmann spricht hier vom „Entwicklungsbereich". In Stress-Situationen kann die Stärkung dieses Bereichs für mehr Ausgeglichenheit sorgen, man kommt in den sog. „Zielbereich" (s. Abbildung).

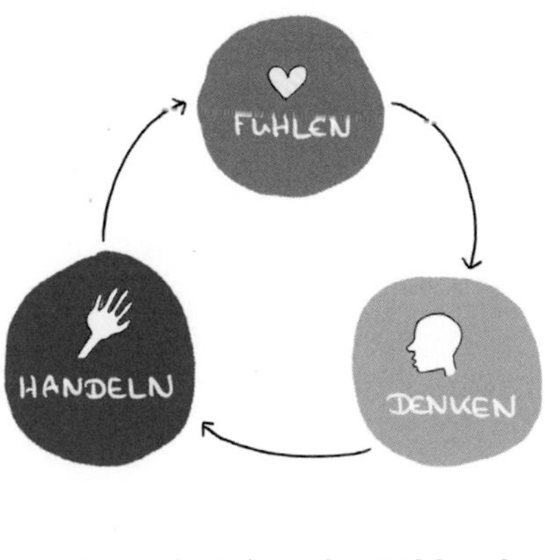

Für den Beziehungstypen (grün) ist das Fühlen der starke Persönlichkeitsbereich, das Denken gilt als Entwicklungsbereich, wo sich eher Schwächen in der Ausprägung von Klarheit, Organisation und Planung finden. Werden die Qualitäten des Sachtyps entwickelt, zielt der Beziehungstyp zum Handeln. Für den Sachtypen (blau) ist das Denken sein Persönlichkeitsbereich, die Qualitäten des Handelns dagegen der Entwicklungsbereich, mit dem Ziel, den Beziehungsbereich besser zu nutzen. Der Persönlichkeitsbereich des Handlungstypen (rot) ist das Handeln, durch die Entwicklung der Qualitäten des Fühlens wird es leichter, die Dinge zu durchdenken (Zielbereich).

Macht man sich auf den Weg, nicht im eigenen Bereich stehen zu bleiben, sondern sich zu entwickeln, um schließlich zum Zielbereich zu gelangen, entstehen neue Fähigkeiten, die man sich sonst nicht hätte aneignen können. (Friedmann, 2015)

Es wäre etwas zu simpel, die Persönlichkeit eines Menschen über drei Ausprägungen definieren zu wollen, daher ordnete Friedmann jedem der drei genannten Grundtypen weitere drei Untertypen zu, die er stark an die Ordnung des Modells des Persönlichkeitsenneagramms anlehnte. Das Enneagramm teilt Menschen in neun Persönlichkeitstypen ein, die bestimmte Eigenschafts- und Verhaltensmerkmale beinhalten. Das Modell ist ein Hilfsmittel, um Typenmerkmale im Alltag zu erkennen und eben noch genauer zwischen ihnen zu unterscheiden als nur in drei Farbeinteilungen Rot, Grün, Blau.

Enneagramm

Das Enneagramm unterscheidet seine neun Typen durch Zahlen, also Typ 1 bis Typ 9. (Rohr & Ebert, 2008)

- HT steht für den Handlungstypen (rot)
- BT steht für den Beziehungstypen (grün)
- ST steht für den Sachtypen (blau)

Die neun Untertypen:

- HT1: ethischer Unterstützer (Perfektionismus)
- BT2: begeisterungsfähiger Helfer (Retten)
- BT3: liebenswürdiger Gewinner (Konkurrieren)
- BT4: anspruchsvoller Romantiker (Träumen)
- ST5: gutmütiger Beobachter (Rückzug)
- ST6: loyaler Skeptiker (Grübeln)
- ST7: optimistischer Pragmatiker (Insensibilität)
- HT8: fairer Kämpfer/Boss (Vorurteile)
- HT9: kameradschaftlicher Macher (Pflichterfüllung)

Übt man sich nun darin, Menschen auf die Bereiche Rot-Blau-Grün einzuschätzen, so kann man differenzierter unterscheiden, indem man die jeweiligen Eigenschaften der drei Untertypen dieser Grundeinteilung beleuchtet und zuordnet. Dabei ist es hilfreich zu wissen, dass die drei Typen auch Fallen/Muster beinhalten:

- Abhängigkeitstypen (HT1, BT3, ST5) unterschätzen sich selbst.
- Sorgentypen (HT1, HT9, BT2) unterschätzen andere.
- Selbstzweiflertypen (BT4, ST6, HT8) halten das erlernte Größenverhältnis aus der Kindheit zwischen den überlegenen Erwachsenen und dem kleinen Kind aufrecht. (Friedmann, 2018)

Diese Differenzierung kann darüber Aufschluss geben, worin die/der jeweilige Mitarbeitende Schwierigkeiten hat. So kann auch hier gezielt und behutsam der nächste Entwicklungsschritt angedacht werden, indem man beispielsweise im Entwicklungsgespräch gemeinsam beleuchtet, was die Person braucht, damit sie gut arbeiten kann.

9 Untertypen

Damit Sie einen Eindruck darüber erhalten, wie sinnvoll es sein kann, sie im täglichen Umgang mit Mitarbeitenden als Hilfestellung im Hinterkopf zu haben, sind die neun Untertypen in Anlehnung an Friedmann etwas genauer skizziert:

1. Reformer – „Ich will RECHT haben"	2. Helfer – „Ich will GELIEBT werden"	3. Macher – „Ich will BEWUNDERT werden"
▶ Perfektionistisch, bedenkenvoll ▶ Grundbedürfnis = Integer sein, tugendhaft sein ▶ Grundängste = Angst, unvollkommen, unehrlich, schlecht oder böse zu sein, auch vor Verurteilung und Kritik ▶ Alarmzeichen = Verpflichtung spüren, alles selbst in Ordnung bringen zu müssen ▶ Aufmerksamkeit auf = Was ist an der Situation falsch? ▶ Vermeidung von = Zorn/Ärger ▶ Blinder Fleck = Erkennt nicht seine Gereiztheit	▶ Mütterlich, gebend, aktiv ▶ Grundbedürfnis = Nach Liebe (unentbehrlich zu sein) ▶ Grundängste = Angst, keine Liebe zu verdienen, ungeliebt zu sein und zurückgewiesen zu werden ▶ Alarmzeichen = Glaubt, man müsse andere für sich gewinnen, bzw. einnehmen ▶ Aufmerksamkeit auf = Anerkennung für das Selbst ▶ Vermeidung von = Eigene Bedürfnisse ▶ Blinder Fleck = Erkennt die eigenen Bedürfnisse und Gefühle nicht an	▶ Pragmatisch, statusbewusst ▶ Grundbedürfnis = Nützlich, beliebt, begehrt zu sein ▶ Grundängste = Angst vor Versagen, Ablehnung und davor, nutzlos und nur so viel wert zu sein wie seine Leistung ▶ Alarmzeichen = Ist sehr auf gesellschaftliche Anerkennung aus ▶ Aufmerksamkeit auf = Anerkennung für Beruf ▶ Vermeidung von = Versagen ▶ Blinder Fleck = Erkennt die innere Leere und Selbstverleugnung nicht

4. Individualist – „Ich will es ANDERS machen" ▶ Ästhetisch, romantisch, stilvoll ▶ Grundbedürfnis = Ein Jemand mit Bedeutung zu sein ▶ Grundängste = Angst vor der eigenen Unzulänglichkeit, unbedeutend und ohne Identität zu sein ▶ Alarmzeichen = Kreiert aus dem Nichts ein Drama und genießt die Gefühlsachterbahn ▶ Aufmerksamkeit auf = Das Beste im Abwesenden- das Schlechteste im Vorhandenen ▶ Vermeidung von = Sich verloren fühlen ▶ Blinder Fleck = Erkennt nicht, dass er gewöhnlich ist und gute Eigenschaften hat	5. Forscher – „Ich will die WELT VERSTEHEN" ▶ Analytisch, distanziert, abstrakt ▶ Grundbedürfnis = Nach Kompetenz ▶ Grundängste = Angst, inkompetent, unfähig oder nutzlos zu sein und vor Verletzung der Privatsphäre ▶ Alarmzeichen = Flüchtet sich aus der Realität in Ideen und geistige Welten ▶ Aufmerksamkeit auf = Was will man von mir? ▶ Vermeidung von = Leere ▶ Blinder Fleck = Erkennt physische Befindlichkeiten, Gefühle und Bedürfnisse nicht	6. Loyaler – „Ich will SICHER SEIN" ▶ Pflichtbewusst, vorsichtig ▶ Grundbedürfnis = Nach Sicherheit ▶ Grundängste = Angst, ausgeliefert zu sein, verraten zu werden und ganz ohne Unterstützung zu sein ▶ Alarmzeichen = Macht sich von einer Leitfigur abhängig ▶ Aufmerksamkeit auf = Verborgene Absichten anderer ▶ Vermeidung von = Fehlverhalten ▶ Blinder Fleck = Erkennt nicht, dass innere Führung und andere Menschen Hilfe bieten
7. Enthusiast – „Ich will SPASS HABEN" ▶ Aktiv, genießerisch, oberflächlich ▶ Grundbedürfnis = Nach Glück und Erfüllung ▶ Grundängste = Angst, ausgeschlossen zu sein, im Schmerz zu versinken und vor Entbehrung und Isolation ▶ Alarmzeichen = Glaubt, man könnte woanders etwas Besseres finden ▶ Aufmerksamkeit auf = Erfreuliche Alternativen ▶ Vermeidung von = Schmerz ▶ Blinder Fleck = Erkennt seine Angst und seinen Schmerz nicht	8. Boss – „Ich will der STÄRKSTE sein" ▶ Kontrollierend, konkurrierend ▶ Grundbedürfnis = Sich zu schützen ▶ Grundängste = Angst, von anderen verletzt oder beherrscht zu werden und vor unfairer Behandlung ▶ Alarmzeichen = Eindruck, man müsse Druck machen, damit sich etwas rührt ▶ Aufmerksamkeit auf = Kontrolle ▶ Vermeidung von = Schwäche ▶ Blinder Fleck = Erkennt seine Verletzlichkeit, sein Bedürfnis nach Zuwendung nicht	9. Vermittler – „Ich will HARMONIE haben" ▶ Angepasst, unentschlossen ▶ Grundbedürfnis = Seinen Seelenfrieden zu haben ▶ Grundängste = Angst vor Trennung und Aufsplitterung sowie davor, übergangen zu werden ▶ Alarmzeichen = Glaubt, auf den Zuspruch anderer angewiesen zu sein ▶ Aufmerksamkeit auf = Die Einstellung anderer ▶ Vermeidung von = Konflikt/ Konfrontation ▶ Blinder Fleck = Erkennt nicht seine eigenen Vorzüge und Stärken

Ich möchte Sie gern dazu ermuntern, Ihre eigenen Typenausprägungen im Enneagramm-Test herauszufinden und hinsichtlich der Eigenschaften sich selbst einmal zu betrachten, inwieweit diese zutreffen. Dann können Sie spielerisch an die Sache herangehen und sich im Berufsalltag zwischendurch fragen: „Ist Frau M. ein grüner, blauer oder roter Typ?“ Kostenfreie Enneagramm-Tests finden Sie zahlreich im Internet.

Daraufhin könnten Sie sich in die neun differenziert dargestellten Typen hineinlesen und schauen, welcher Untertyp am ehesten zutrifft. Dies wird Sie im Umgang mit Mitarbeitenden oder Vorgesetzten noch sicherer machen und Sie werden feststellen, dass es zu einem besseren Miteinander beiträgt. Die Mitarbeitenden werden Ihre Empathie dankend annehmen und bereit sein, sich weiterzuentwickeln.

Verlassen wir nun die Welt der Psychografie und wenden uns den Handlungsleitlinien zu, die Ihnen hoffentlich einen roten Faden zur Bewältigung spezifischer Herausforderungen bieten.

3.3.1 Handlungsleitlinie: Feedback geben

Objektive Fremdeinschätzung

Der Begriff „Feedback“ bezeichnet eine Rückmeldung durch eine andere Person. Damit ergänzt das Feedback die Selbstwahrnehmung oder Selbsteinschätzung durch eine objektive Fremdeinschätzung und Außenwahrnehmung. Durch das Feedback gibt man der anderen Person eine Rückmeldung darüber, wie das Verhalten wirkt, wie die Leistung beurteilt wird oder welche Möglichkeiten sich zur Veränderung abzeichnen. Setzt man Feedback konstruktiv ein, ist es ein optimales Handwerkszeug. Es ist im Beruf unabdingbar, damit Weiterentwicklung und Motivation entstehen können. Ebenso dient es dazu, Missverständnisse zu klären und Erwartungen von beiden Seiten zu formulieren. (Mai, 2018)

Häufig entsteht das Bedürfnis, Feedback zu geben, in Situationen, die nicht so gelaufen sind, wie es gewünscht war. Wie kann grundlegend eine gute Basis für das Feedback geschaffen werden? In Kapitel 2.2.2, Wertschätzende Kommunikation und Akzeptanz, wurde Ihnen bereits das Modell der Gewaltfreien Kommunikation nach Marshall Rosenberg vorgestellt (Seite 52). Sein Ansinnen war, dass Menschen sich offen und empathisch austauschen können. Auch beim Feedback-Geben können Sie sich dieses Modell als Grundlage zunutze machen. Das Ziel hierbei ist, eine gemeinsame Basis im Gespräch zu schaffen, sodass die oder der Angesprochene sich die Inhalte anhören kann, ohne sich jedoch davon angegriffen zu fühlen. Die Stimmung bleibt dadurch ruhig und die

Basis für ein konstruktives Gespräch ist hergestellt. Es entsteht keine Rechtfertigung und kein Widerstand.

Formel eines Feedbackgesprächs

Hier nun die Formel entlang eines Beispiels, an der Sie sich beim Feedback-Gespräch orientieren können: „Wenn ich a sehe, dann fühle ich b, weil ich c brauche. Deshalb möchte ich jetzt gern d."

- a = Beobachtung
- b = Gefühl
- c = Bedürfnis
- d = Bitte

Im Business-Kontext ausgedrückt, könnte ein Feedback so lauten:

„*Mir fällt auf, dass Sie sich in den letzten Monaten merklich zurückgezogen haben* (Beobachtung). *Ich habe das Gefühl, Sie sind auf der Arbeit nicht zufrieden* (Gefühl). *Es ist mir wichtig, dass es Ihnen gut geht (Bedürfnis). Können Sie mir bitte sagen, ob ich richtig liege und was Sie brauchen, damit es Ihnen besser geht?* (Bitte)"

Wenn Sie sich diese Reihenfolge a, b, c, d von Rosenberg merken und sie anwenden, ist ein angenehmer Gesprächsverlauf vorprogrammiert. Achten Sie bitte noch auf Folgendes:

- Formulieren Sie grundsätzlich Ich-Botschaften!
- Formulieren Sie Ihre Kritik konkret. Aus Verallgemeinerungen lassen sich keine sinnvollen Handlungen ableiten. Das Feedback sollte konkret erklären, wie es besser geht. Einleitungssätze können sein:
  - Ich finde, dass Sie im Vergleich zu ...
  - Ich würde mich freuen, wenn Sie künftig zum Beispiel ...
  - Ich habe den Eindruck, dass ...
- Ihr Feedback sollte sowohl positive Fakten als auch negative aufzeigen.

Mit der Gewaltfreien Kommunikation gelingt es, ein Gespräch auf Augenhöhe zu führen, von dem beide Gesprächspartner profitieren. Das Gespräch sollte in angenehmer, ruhiger Atmosphäre stattfinden und bei ausgeglichener Stimmungslage geführt werden, damit es zu keinem negativen Verlauf kommt. Beim Feedback-Geben kann die Gewaltfreie Kommunikation eine hilfreiche Grundlage für jede Situation bieten – ob schwierig, emotional, sachlich oder perspektivisch.

3.3.2 Handlungsleitlinie: Fürsorgegespräch

Das Fürsorgegespräch ist Teil gesundheitsorientierter Führung. Es soll in erster Linie der Verfestigung einer ungesunden Situation vorbeugen. Ziel ist hierbei, den betroffenen Mitarbeitenden frühzeitig Unterstützung anzubieten, sofern sie dies wünschen. Das Fürsorgegespräch könnte auch „Willkommensgespräch" genannt werden. Denn nach jeder Abwesenheit, auch wenn es sich nur um wenige Tage handelt, nach Urlaub oder Krankheit, ist es von Vorteil, wenn zumindest ein kurzes, informelles Gespräch geführt wird. In diesem Gespräch können die Mitarbeitenden darüber informiert werden, was sich möglicherweise verändert hat, was sie hinsichtlich ihrer Arbeit erwartet und Sie als Führungskraft können sich wiederum informieren, wie es den Mitarbeitenden geht und was sie möglicherweise an Hilfestellungen brauchen. Grundsätzlich gilt: Sie sollten in diesem Gespräch ausschließlich Fürsorge zum Ausdruck bringen und Ihre Unterstützung anbieten.

Willkommensgespräch

Wie kann das genau ablaufen?

Der Prozess

- Gehen Sie aktiv auf das Teammitglied zu.
- Begrüßen Sie das Mitglied, wenn es abwesend war, positiv: „Schön, dass Sie wieder da sind!" Vermitteln Sie kein schlechtes Gewissen für die Abwesenheit.
- Dieses Gespräch kann ruhig „zwischendurch" ablaufen, wichtig ist aber, dass Sie sich kurz die Zeit nehmen, das Mitglied wertschätzend willkommen zu heißen und ihm zuzuhören – und wenn nötig, Unterstützung anbieten.
- Nach einem Urlaub des Mitglieds erkundigen Sie sich einfach mit: „Wie war es im Urlaub?"
- Nach Krankheit erkundigen Sie sich, ob der/die Mitarbeitende wieder voll einsatzfähig ist oder ob noch etwas berücksichtigt werden muss. Gegebenenfalls steht die Krankheit in Zusammenhang mit der Arbeitssituation und Sie als Führungskraft könnten intervenieren.
- Geben Sie bei Bedarf Hinweise auf Hilfsangebote (betriebsärztlicher Dienst, betriebliche Sozialberatung u.a.).
- Fragen Sie im Gespräch mit dem Teammitglied, welche Lösungsideen es selbst hat.
- Vereinbaren Sie gegebenenfalls gemeinsam Maßnahmen, die zur Verbesserung der Situation beitragen.

Beim Ansprechen von Auffälligkeiten kann Ihnen die Handlungsleitlinie für das Feedback-Geben (Seite 111) eine Grundlage bieten.

3.3.3 Handlungsleitlinie: Konfliktmanagement

Ich möchte Ihnen ein Modell vorstellen, das zum Verständnis von problemhaften Situationen beiträgt und zum gleichzeitigen Aufbrechen von Konfliktmustern hilfreich ist.

Das Modell der logischen Ebenen

Das Modell der logischen Ebenen ist ein Erklärungsmodell für Veränderungsprozesse. Die logischen Ebenen beziehen sich auf die Veränderungsdynamik bei Menschen, Teams und Organisationen durch sechs aufeinander aufbauende Ebenen. Das Modell geht von der Annahme aus, dass Veränderung hierarchisch in Ebenen organisiert ist, die sich gegenseitig beeinflussen. Von der niedrigsten hin zur höchsten Ebene sind dies: Umwelt, Verhalten und Kommunikation, Ressourcen und Fähigkeiten, Werte, Identität und Vision.

Zu den verschiedenen Bereichen kann man Fragestellungen formulieren:

- *Umwelt*: Wer, wann, wo, mit wem?
- *Verhalten und Kommunikation*: Was sehen und hören Sie? Was genau wird getan?
- *Ressourcen und Fähigkeiten*: Was können Sie? Welche Fähigkeiten brauchen Sie, um das beobachtbare Verhalten zu zeigen? Welche Strategien und Prozesse laufen ab?
- *Werte*: Was ist Ihnen wichtig? Worauf achten Sie?
- *Identität und Vision*: Wer bin ich? Wie sehen mich andere?

Die Ebenen wirken von oben nach unten.

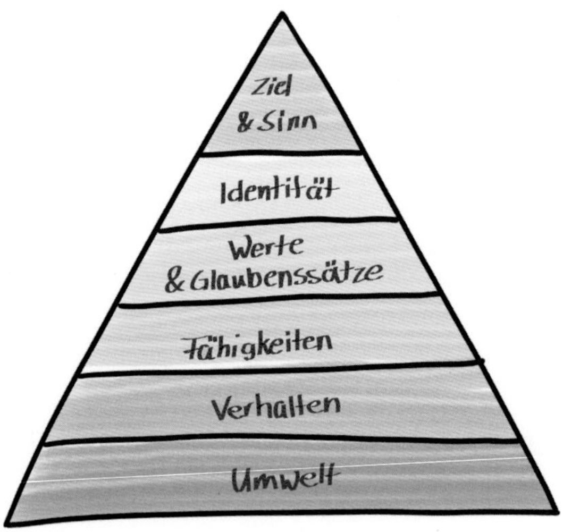

Robert Dilts

Nach Robert Dilts, einem der federführenden Protagonisten des Neurolinguistischen Programmierens (NLP), können Konflikte stets auf ihrer Ebene verortet werden; die Veränderungsarbeit setzt jedoch in der Regel an der nächsthöheren Ebene an.

Skizzieren wir zunächst die Ebenen anhand von beispielhaften Fragen:

- *Umwelt*: Wie attraktiv sind die Rahmenbedingungen? Flexibilität der Arbeitszeiten, Arbeitsklima, Arbeitsplatzausstattung, Gehälter ...?
- *Verhalten und Kommunikation*: Wie gut ist die Kommunikation? Wie wertschätzend und hilfsbereit ist der Umgang zwischen den Mitarbeitenden/Führungskräften? Auf welche Weise wird gehandelt?
- *Ressourcen und Fähigkeiten*: Was kann das Team besonders gut? Wie sehr können die Mitarbeitenden ihre Stärken für die angestrebten Ziele nutzen?
- *Werte*: Welche Werte hat das Unternehmen? Werden diese Werte auch gelebt? Wie?
- *Identität und Vision*: Wer genau ist der Arbeitgeber? Welche Mitarbeitenden passen menschlich und fachlich zur Organisation, um die Ziele zu erreichen? Können sich die Mitarbeitenden mit der Arbeit identifizieren?

Zeigt sich also auf einer bestimmten Ebene ein Problem, so kann es ein Zeichen dafür sein, dass Veränderungen eben auf der nächsthöheren Ebene stattfinden müssen. Das heißt, man kann nicht davon ausgehen, dass das Problem auf der Ebene behoben werden kann, auf der es sich zeigt. Es ist sinnvoll, alle Ebenen zu betrachten, gegebenenfalls gezielt zu hinterfragen und somit den Blick für das Ganze zu erhalten. Die logischen Ebenen können hierbei eine Hilfestellung bieten, da sie verschiedene Fragestellungen beinhalten und einen ganzheitlichen Ansatz ermöglichen.

Mitarbeiterbindung entsteht dann, wenn im Arbeitsalltag zu spüren ist, dass die verschiedenen Ebenen authentisch gelebt werden. Durch die Identifikation mit dem Arbeitgeber und das Wissen darüber, dass Unternehmenswerte umgesetzt werden, haben Mitarbeitende die Möglichkeit, Motivation zu entwickeln und mit Freude ihre Arbeit zu verrichten.

Ist dies nicht der Fall, so gilt es, herauszufinden, um welche Art von Konflikt es sich handelt, wie er verortet werden kann. Das vereinfacht es, darauf zu reagieren. Die genannten Fragestellungen zu den sechs Ebenen können hierbei hilfreich sein.

Konflikte und Krisen entstehen im Arbeitsleben immer wieder. Aber: Können Krisen denn nun wirklich nützlich sein? – Ja! Denn sie werden durch Konflikte ausgedrückt. Konflikte sind nichts anderes als unterschiedliche Betrachtungsweisen in Hinsicht auf einen Sachverhalt. Deshalb gibt es sie überall dort, wo Menschen aufeinandertreffen. Letztlich dienen sie der Psychohygiene, indem sie versteckte und unterschwellige Probleme sichtbar machen.

Konflikte im Arbeitsleben

Konflikte ...

- machen auf Probleme aufmerksam,
- verhindern Stagnation,
- sorgen für Entscheidungen,
- setzen unterdrückte Energien frei
- und lösen Veränderungen aus – auf der Persönlichkeitsebene sowie gesellschaftlich – und können Hinweise sein für wenig erfüllte Bedürfnisse.

Durch Konflikte kommen Probleme an die Oberfläche. So werden sie greifbar. Genau dadurch kann man Handlungsoptionen anwenden, um sie zu beheben.

Konfliktverlauf analysieren

Folgende Fragen können helfen, um einen tatsächlichen Konfliktverlauf zu analysieren:

1. Was und wer ist Gegenstand des Konflikts?
2. Wodurch, durch was und/oder wen wurde der Konflikt ausgelöst?
3. Woran erkennt man, dass es sich um einen Konflikt handelt? Welches genau sind die Hinweise auf den Konflikt?
4. Wie ist der Konflikt verlaufen? Wie haben sich beide Seiten verhalten?
5. Was ist das Konfliktergebnis?

Möchten Sie als Führungskraft einen Konflikt ansprechen, gilt auch hierbei: Ich-Botschaften senden und dem Gegenüber zuhören. Sie könnten mit einer Frage in das Gespräch einsteigen, egal, ob Sie das Konfliktgespräch zwischen zwei Mitarbeitenden leiten, oder selbst mit der/dem Mitarbeitenden einen Konflikt klären wollen:

Passende Fragestellungen

- „Wie sehen Sie das Thema?" – Jede Partei sollte Raum bekommen, den eigenen Standpunkt darzustellen. Wichtig sind hierbei die Regeln der Gewaltfreien Kommunikation: Empathisch zuhören, ausreden lassen.

- „Können Sie meinen Standpunkt/den des anderen nachvollziehen?" – Welche (eigenen) Bedürfnisse sind nicht erfüllt und welche Gefühle stecken hinter dem Konflikt? Auch hier bietet sich die Methode der Gewaltfreien Kommunikation an. Erfragen Sie diese im Laufe des Gesprächs, dann erhält der Gesprächsverlauf eine andere Ebene.
- „Was braucht die/der andere, damit es ihr/ihm besser geht?"
- „Welche Lösungsmöglichkeiten sieht der oder die andere?"
- „Auf welche Kompromisse kann man sich einigen, wenn jeder einen Schritt auf den anderen zugeht?"
- „Wie können wir zu einer Lösung kommen, die für beide Seiten tragbar ist?"

Die gemeinsamen Ziele und Vorgehensweisen sollten festgehalten werden.

Falls Sie feststellen, dass bei Streitigkeiten zwischen Mitarbeitenden auf diese Weise keine Lösung möglich ist und sich der Streit so verhärtet hat, dass Provokationen entstehen und kein wertschätzender Umgang mehr möglich ist, kann die betriebliche Sozialberatung ein Ansprechpartner sein oder eine entsprechende Mediation eingeschaltet werden. Allerdings: Wenn Sie möglichst frühzeitig, gleich wenn Sie latente Konflikte wahrnehmen, diese Art Gespräche führen, werden Sie feststellen, dass diese sich dann nicht manifestieren. Sie werden schnell wieder verschwinden, ohne dass weiteres Handeln nötig ist.

3.3.4 Handlungsleitlinie: Mobbing im eigenen Team

Zwei Voraussetzungen für Mobbing

Der Begriff Mobbing wird von Konfliktbetroffenen oft zu vorschnell verwendet. Wann kann man aber von Mobbing sprechen, welche Faktoren müssen vorliegen? Aus Sicht des Arbeitsrechts müssen hierbei zwei Voraussetzungen erfüllt sein:

- *Systematisches Vorgehen*: Wenn die Schikane systematisch und damit zielgerichtet erfolgt, liegt eine strafbare Handlung vor.
- *Wiederholtes Vorgehen*: Mobbing muss über einen längeren Zeitraum erfolgen. Zum Nachweis und zur Dokumentation ist daher ein „Leidensweg" notwendig.

Leymann (1993) definiert folgende wichtige Aspekte, die vorliegen müssen, um von Mobbing sprechen zu können:

- Arbeitsleben
- Unterlegenheit
- Belastete Kommunikation
- Systematik
- Zielgerichtetheit

Am besten agieren Sie als Führungskraft dann, wenn Sie Mobbing im Rahmen Ihrer Fürsorgepflicht präventiv verhindern können. Auch aus wirtschaftlicher Sicht ist dies ein wichtiges Vorgehen. Wird das Mobbing nämlich nicht rechtzeitig unterbunden oder verhindert, fällt die/der Betroffene mit hoher Wahrscheinlichkeit für lange Zeit krankheitsbedingt aus oder kündigt sogar. Schadensersatzansprüche könnten gestellt werden, was einerseits dem Image des Unternehmens schadet und andererseits das Betriebsklima verschlechtert.

So agieren Sie bei Mobbing

Wie gehen Sie nun vor, wenn Sie Mobbinganzeichen im eigenen Team entdecken?

- Nehmen Sie Vorwürfe ernst.
- Vermeiden Sie es, solange Ihnen kein umfassendes Bild von der Situation vorliegt, selbst den Begriff „Mobbing“ zu verwenden.
- Bitten Sie beide Parteien getrennt voneinander zu einem informellen, persönlichen Gespräch.
- Stellen Sie offene Fragen. Lassen Sie sich Beispielsituationen schildern. Hören Sie genau zu und achten Sie darauf, ob tatsächlich Mobbinghandlungen vorliegen.
- Bleiben Sie objektiv.
- Sofern Sie den Eindruck haben, dass es sich um Mobbing handelt, sollten Sie spätestens jetzt Unterstützung durch eine interne oder externe Beratung hinzuziehen, die Situation reflektieren, um eine Strategie zu entwickeln.
- Gegebenenfalls verfügt Ihr Unternehmen über eine Dienstvereinbarung zum Thema Mobbing, von welcher sich weitere Handlungsschritte ableiten lassen.
- Mobbing erfordert ein entschlossenes Auftreten Ihrerseits: Konfrontieren Sie den oder die „Täter“, unter vier Augen mit den vorliegenden Handlungen, fordern Sie ein sofortiges Beenden der Handlungen und kündigen Sie im Fall der Fortsetzung Konsequenzen an. Dazu können Sie sich gegebenenfalls von der Rechtsabteilung beraten lassen.
- Lassen Sie dem Opfer die notwendigen Hilfen zukommen, die zur Verarbeitung der Situation notwendig sind. Vielleicht ist eine Versetzung gewünscht, möglicherweise kann ein therapeutisches Gespräch in einer Beratungsstelle empfohlen werden.

- Fühlen sich Mitarbeitende zu Unrecht gemobbt, nehmen Sie sie dennoch ernst. Versuchen Sie, die Gründe für die Emotionen herauszufinden.
- Ziel sollte sein, dass sich alle Teammitglieder an ihrem Arbeitsplatz wohlfühlen, sodass sie gute Leistungen erbringen können.

Grundsätzlich bietet sich an, um Mobbing gar nicht erst entstehen zu lassen, gemeinsam mit dem ganzen Team an einer präventiven Schulung zum Thema Mobbing teilzunehmen. Der Vorteil ist, dass sich dann alle Mitarbeitenden über den Begriff „Mobbing" im Klaren sind und über die möglichen Konsequenzen Bescheid wissen. Dies führt dazu, dass mit dem Thema sensibel umgegangen wird und der Nährboden für derartige Ungerechtigkeiten gar nicht erst entsteht.

3.3.5 Handlungsleitlinie: Gerüchten im Team begegnen

Beim Lesen der folgenden kleinen Geschichte eines unbekannten Autoren „Die üble Nachrede", wird sehr deutlich, welche negativen Auswirkungen ein Gerücht hat – und wie man ohnmächtig davorstehen kann:

Eine Geschichte

Die üble Nachrede

Ein Nachbar hatte über Herrn Künzelmann schlecht geredet und die Gerüchte waren bis zu Herrn Künzelmann vorgedrungen. Künzelmann stellte seinen Nachbarn zur Rede. „Ich werde es bestimmt nicht wieder tun", versprach der Nachbar. „Ich nehme alles zurück, was ich über dich erzählt habe!" Künzelmann sah ihn ernst an. „Ich werde dir verzeihen", erwiderte er. „Doch jede schlimme Tat verlangt ihre Sühne." – „Ich bin gerne zu allem bereit", antwortete der Nachbar reumütig. Künzelmann ging in sein Schlafzimmer und kam mit einem großen Kopfkissen zurück. „Trag dieses Kissen in dein Haus", sagte er. „Dann schneide ein Loch in das Kissen und komm wieder zurück, indem du unterwegs immer einige Federn nach rechts, einige nach links verstreust. Das ist der erste Teil der Sühne!" Nichts leichter als das, dachte der Nachbar und machte, wie ihm aufgetragen wurde. Als er wieder vor Künzelmann stand und ihm die leere Kissenhülle überreichte, fragte er: „Und der zweite Teil meiner Buße?" – „Gehe jetzt wieder den Weg zu deinem Haus zurück und sammle alle Federn wieder ein!" Der Nachbar stammelte verwirrt: „Ich kann doch unmöglich all die Federn wieder einsammeln! Ich streute sie wahllos aus, warf einige hierhin und einige dorthin. Inzwischen hat der Wind sie in alle Himmelsrichtungen getragen. Wie kann ich sie alle wieder einfangen, das ist unmöglich?!" Künzelmann nickte ernst: „Genauso ist es mit der üblen Nachrede und den Verleumdungen. Einmal ausgestreut, fliegen sie in alle Richtungen – wir wissen nicht wohin. Wie willst du also wieder alle über mich verbreiteten Gerüchte zurücknehmen?"

Menschen mögen Gerüchte. Deshalb findet man die besagte Form der Kommunikation natürlich auch in Unternehmen. Ein typischer Bürotratsch bei der morgendlichen Tasse Kaffee ist noch eher harmlos – solange hierbei nicht womöglich Mobbing impliziert ist. Gerüchte zu neutralisieren, stellt eine wahre Herausforderung hinsichtlich der internen Kommunikation dar. Gerüchte sind wenig greifbar und bewegen sich zudem in einem psychosozialen Umfeld. Was kann man also dagegen tun? Zunächst sollten Sie sich fragen:

- Was ist das überhaupt für ein Gerücht?
- Wo kommt es her?
- Wie ist es entstanden?
- Ist das Gerücht zutreffend oder nicht?
- Wie groß ist der zu erwartende Schaden, den es anrichtet?
- Wer könnte der Auslöser sein?

Gegenmaßnahmen

Mögliche Gegenmaßnahmen können sein:

- Aussitzen kann dann eine Option sein, wenn man davon ausgehen kann, dass das Gerücht sich schnell wieder verflüchtigt oder überlagert wird.
- Transparenz ist die wirksamste und auch einfachste Methode, ein Gerücht zu neutralisieren.

Entziehen Sie dem Gerücht den Nährboden! Indem Sie die Mitarbeitenden regelmäßig über Neuigkeiten und Entwicklungen informieren und Irritationen bewusst ansprechen, gehen Sie strategisch gegen die Verbreitung von Gerüchten vor.

3.3.6 Handlungsleitlinie: Kritikgespräch führen

Haben Ihre Mitarbeitenden nicht die Leistung erbracht, die Sie von ihnen erwartet haben? Oder haben sich Mitarbeitende falsch verhalten? Sind Sie mit der Erfüllung einer Aufgabe nicht zufrieden? Dann bietet sich an dieser Stelle ein Kritikgespräch an. Ein offenes Gespräch bietet auch Vorteile für die Mitarbeitenden, denn diese möchten auch umgehen, dass womöglich hinter ihrem Rücken gesprochen wird und Schwierigkeiten entstehen.

Gewaltfreie Kommunikation

Als Grundlage dient auch hier die Methode der Gewaltfreien Kommunikation, die Ihnen bereits aus den Handlungsleitlinien „Konfliktmanagement" und „Feedback-Geben" sowie aus Kapitel 2.2.2 bekannt ist. Binden Sie diese Gesprächsmethode in folgendes Vorgehen ein:

- Führen Sie das Gespräch unter vier Augen und persönlich.
- Das Gespräch sollte zeitnah erfolgen, damit die oder der Mitarbeitende ihr/sein fehlerhaftes Verhalten nachvollziehen kann.
- Benennen Sie klar das Problem. Durch die genaue Beschreibung der Situation merkt die oder der Mitarbeitende, dass es Ihnen ernst ist und dass es in dem Kritikgespräch nur um diese Situation geht.
- Äußern Sie, wenn Sie sich geärgert, gestört, enttäuscht oder verletzt fühlen.
- Bitten Sie um Rückmeldung. Fragen Sie Ihren Mitarbeitenden, ob sie/er Ihre Wahrnehmung nachvollziehen kann. Wenn nicht, erläutern Sie nochmals konkret den Sachverhalt, um den es sich handelt.
- Benennen Sie Ihrer/m Mitarbeitenden konkrete Zielvorgaben. Drücken Sie deutlich aus, wie Sie sich ihr/sein zukünftiges Verhalten vorstellen.
- Fragen Sie Ihre/n Mitarbeitende/n, wie sie/er das Ziel erreichen möchte. So entsteht kein Zwang, sondern eine Selbstverpflichtung.
- Halten Sie das Gespräch in einer kurzen, schriftlichen Notiz fest. Dies dient Ihnen und Ihrer/m Mitarbeitenden als Orientierungshilfe.
- Machen Sie Ihrer/m Mitarbeitenden deutlich, welchen Nutzen die Verhaltensänderung haben wird. So werden die Vorteile offensichtlich.
- Das Kritikgespräch kann der Beginn eines Förderprozesses sein. Geben Sie der/dem Mitarbeitenden positive Rückmeldung, sofern die gewünschten Ziele umgesetzt werden.
- Sollte das alte Verhalten wiederkehrend sein, ist es erforderlich, umgehend ein weiteres Kritikgespräch zu führen. So signalisieren Sie die Ernsthaftigkeit des Sachverhalts und haben die Möglichkeit, Konsequenzen aufzuzeigen.

(Wirtschaftswissen.de, 2017)

Mit dem raschen Ansprechen einer störenden Situation umgehen Sie, dass sich ein unerwünschtes Verhalten verfestigt und sich noch größere Probleme daraus ergeben. Es erfordert etwas Mut, Kritisches so deutlich beim Namen zu nennen, jedoch gelingt es, mit der richtigen Gesprächsführung, ein zielgerichtetes und positives Miteinander im Gespräch zu erreichen. Weitere Probleme werden zudem vermieden, was zu einem insgesamt besseren Betriebsklima beiträgt.

3.3.7 Handlungsleitlinie: Hilfe bei psychisch erkrankten Mitarbeitenden am Arbeitsplatz

Nehmen Sie nicht die Rolle eines Therapeuten ein

Zu Beginn möchte ich voranstellen: Sie müssen als Führungskraft nicht die Funktion eines Therapeuten einnehmen! Und doch begegnen uns im Arbeitsleben immer wieder die Problematiken psychischer Erkrankungen von Mitarbeitenden. Im privaten Umfeld kennt man selbst meist jemanden, der unter einer psychischen Krankheit leidet oder hat zumindest von jemandem, der erkrankt ist, gehört. Heutzutage hat eine Art Enttabuisierung stattgefunden: Es ist leichter und besser möglich, über ein psychisches Leiden zu sprechen, als das noch früher der Fall war. Unsere Arbeitsbedingungen haben sich verändert, es muss in kürzerer Zeit mehr geleistet werden. Der Stressfaktor hat zugenommen, die Resilienz der Mitarbeitenden ist auf die Probe gestellt. Es entstehen psychosoziale Konflikte am Arbeitsplatz, Fehler in der täglich zu bewältigenden Arbeit und eine Zunahme von Krankheitstagen.

Diese Handlungsleitlinie soll dazu dienen, Ihnen Sicherheit im Umgang mit Mitarbeitenden, die psychisch erkrankt sind, zu vermitteln. Teilweise ist es als Führungskraft schwierig, die frühen Anzeichen, wie Leistungsdefizite oder Isolationstendenzen von Mitarbeitenden, zu erkennen. Zudem ist es eine Herausforderung, Beschwerden und die entsprechenden Leistungsbeeinträchtigungen einzuschätzen. Es ist ein Angehen, Verhaltensauffälligkeiten zu thematisieren, weil Führungskräfte oft unsicher sind, was sie sagen dürfen und was eben nicht. Grundsätzlich gelten folgende Maxime als Lösungswege:

Lösungswege

- Enttabuisieren Sie.
- Kommunizieren Sie frühzeitige und offen.
- Beobachten Sie und benennen Sie klar die Problematik.
- Formulieren Sie Erwartungen und bieten Sie zugleich Unterstützung an bzw. vermitteln diese.
- Stellen Sie die eigene Rolle als Führungskraft klar heraus. („Ich bin kein Therapeut.")

Führungskräfte sollten im Umgang mit psychisch erkrankten Mitarbeitenden genauso verfahren wie bei gesunden Mitarbeitenden: fördern und fordern! Seelisch erkrankte Mitarbeitende brauchen diese Führung nur noch mehr als gesunde Personen. Je klarer etwas benannt und formuliert ist, desto mehr Sicherheit entsteht in Bezug auf die Handlungsspielräume. Entsprechende Unterstützungsmöglichkeiten vermitteln den Mitarbeitenden Gewissheit und Sicherheit. Manche seelisch erkrankte Mitarbeitende sind froh, wenn sie von Vorgesetzten angesprochen werden, andere wiederum reagieren aggressiv, wenn Verhaltensänderungen benannt werden. Einige wollen geschont werden, wieder andere möchten überhaupt nicht darüber sprechen. Psychisch erkrankte Mitarbeitende brauchen aber alles, was ihre gesunden Kolleginnen und Kollegen auch brauchen – nur noch viel dringender und schneller! (Blümmert, 2010)

Falls Sie eine seelische Erkrankung vermuten

Mögliches Vorgehen bei der Vermutung einer seelischen Erkrankung:

- Das Gespräch geht um die Klärung von Problemen.
- Äußern Sie Ihre Sorge. Nur das veränderte Verhalten wird beschrieben, keine Äußerung wie: „Ich glaube, Sie sind erkrankt."
- Beschreiben Sie das beobachtete Verhalten, welche Auswirkungen das hat, welche Gefühle es verursacht.
  - *Möglichkeit A*: MA bestreitet ihre/seine seelische Problematik: Ein Gespräch zur Änderung des Verhaltens beginnt. Ideen werden gemeinsam besprochen.
  - *Möglichkeit B*: MA relativiert ihre/seine seelische Problematik. Auch hier beginnt ein Gespräch zur Verhaltensänderung und Lösungsansätze werden gemeinsam gesucht.
  - *Möglichkeit C*: MA bestätigt ihre/seine seelische Problematik. Ein Gespräch über den Umgang mit der seelischen Erkrankung beginnt. Fordern Sie Ihre/n MA auf, medizinisch-therapeutische Hilfe in Anspruch zu nehmen. Nehmen Sie Unterstützungswünsche auf und weisen Sie auf mögliche Angebote hin. Sprechen Sie über Verhaltensänderung am Arbeitsplatz.
- Notieren Sie gemeinsam, in welchen Fällen die/der MA Rückmeldung geben soll.
- Vereinbaren Sie ein Gespräch für einen Nachfolgetermin.

(Blümmert, 2010)

Sofern es in Ihrer Organisation eine betriebliche Sozialberatung geben sollte, können Sie einerseits die betreffenden Mitarbeitenden darauf hinweisen und andererseits sich selbst als Führungskraft dort auch Rat holen. Sprechen Sie Ihre eventuellen Unsicherheiten an, denn dadurch holen Sie sich die nötige Sicherheit, mit Problematiken umzugehen, die nicht an der Tagesordnung sind.

3.3.8 Handlungsleitlinie: Umgang mit schwierigen/sensiblen/ unsympathischen Mitarbeitenden

- Wie gehe ich mit schwierigen Mitarbeitenden um?
- Was kann ich bei sensiblen Mitarbeitenden tun?
- Was tue ich, wenn ich eine Antipathie gegenüber einer/einem Mitarbeitenden habe?

Gewaltfreie Kommunikation

Diese drei Fragestellungen werden in einer Handlungsleitlinie zusammengefasst, da das Vorgehen auf eine ähnliche Weise stattfinden kann. Durch die Anwendung der Gewaltfreien Kommunikation (Beobachtung, Gefühl, Bedürfnis, Bitte – vgl. Seite 52 f.) können Sie mit schwierigen als auch sensiblen Mitarbeitenden in guten Kontakt und Austausch kommen. Selbst wenn Sie eine Antipathie gegenüber einer oder einem Mitarbeitenden hegen, bietet sich diese wertschätzende Methode der Gewaltfreien Kommunikation an, um trotzdem zu einem zufriedenstellenden Lösungsziel zu gelangen. Der Vorteil ist, dass Sie ganz bei sich bleiben, ohne eine Angriffsfläche zu bieten. Vor allem sensible Mitarbeitende erreichen Sie hiermit, da die Art und Weise der Kommunikation sehr behutsam und nicht wertend ist. Es bleibt genügend Freiraum, damit beide Parteien ihren Standpunkt vertreten können. Bei schwierigen Mitarbeitenden und fehlender Sympathie sollten Sie genauestens darauf achten, die Methode der Gewaltfreien Kommunikation nicht zu verlassen. Sorgen Sie für Verbindlichkeit, indem Sie, wenn nötig, erneut Ihre Bitte formulieren und eine Abstimmung veranlassen.

Ein Beispiel

Ein Beispiel für eine mögliche Begebenheit, an der die Gewaltfreie Kommunikation ansetzen kann:

- „Ich habe wahrgenommen, dass Sie in der Teamsitzung sehr aufgebracht waren und Herrn X angegriffen haben." (Beobachtung)
- „Das macht mir Sorgen, da Herr X meiner Meinung nach zu Unrecht angegriffen wurde." (Gefühl)
- „Es ist mir wichtig, das mit Ihnen zu klären, da ich mir wünsche, dass wir in unserem Team fair und freundlich miteinander umgehen." (Bedürfnis)
- „Können Sie bitte diese Auseinandersetzung mit Herrn X direkt klären und auf ein wertschätzendes Miteinander achten?" (Bitte)

An diesem Beispiel lässt sich erkennen, dass die Methode in allen Fällen greift: Wenn Sie die oder den Mitarbeitenden schwierig finden, so sorgt das Vorgehen für Verbindlichkeit und bietet den nötigen Handlungsraum durch die Abfolge, um sich nicht in etwaigen Gesprächen zu verlieren. Haben Sie eine Antipathie gegenüber der oder dem Mitarbeitenden, veranlasst die Methode Sie dazu, wertschätzend zu bleiben, sodass Sie sich nicht vorwerfen müssen, gegebenenfalls nicht freundlich genug zu sein. Haben Sie eine sensible Person vor sich, ist das Vorgehen vorteilhaft, um mit Empathie das Gespräch auf eine wertschätzende Weise zu führen. Zudem ist es einfach, sich die vier Schritte zu merken – nach ein bisschen Übung klappt es besser und besser!

3.4. Handlungsleitlinien für zwei herausfordernde Situationen

In diesem Kapitel möchte ich Ihnen konkrete Handlungsleitlinien zu zwei Themen aufzeigen, die sich im Arbeitsleben als besondere Herausforderung zeigen können. Sie sollen als Hilfestellung dienen, damit Sie sich gezielt auf diese speziellen Gesprächssituationen einstellen und vorbereiten können.

3.4.1 Handlungsleitlinie: Sexuelle Belästigung im Team

Es gibt kaum herausforderndere Situationen, als mit Beschwerden über sexuelle Belästigung umzugehen, weil dieses Thema über die persönliche Situation hinaus auch eine arbeitsrechtliche Komponente beinhaltet. Behalten Sie bitte beim Lesen dieses Kapitels folgende Situation im Hinterkopf: Stellen Sie sich einmal vor, Ihre Mitarbeiterin wendet sich an sie und berichtet Ihnen, sie sei von einem Kollegen sexuell belästigt worden.

Was genau bedeutet sexuelle Belästigung?

Zuerst gehen wir genauer auf die Bedeutung von sexueller Belästigung ein:

Das Allgemeine Gleichbehandlungsgesetz (AGG) spricht von sexueller Belästigung, wenn ...

„[...] ein unerwünschtes, sexuell bestimmtes Verhalten, wozu auch unerwünschte sexuelle Handlungen und Aufforderungen zu diesen, sexuell bestimmte körperliche Berührungen, Bemerkungen sexuellen Inhalts sowie unerwünschtes Zeigen und sichtbares Anbringen von pornografischen Darstellungen gehören, bezweckt oder bewirkt, dass die Würde der betreffenden Person verletzt wird, insbesondere wenn ein von Einschüchterungen, Anfeindungen, Erniedrigungen, Entwürdigungen oder Beleidigungen gekennzeichnetes Umfeld geschaffen wird."
(§ 3 Abs. 4 AGG)

Sexuelle Belästigung ist also eine unerwünschte Verhaltensweise, die einerseits sexualisiert und andererseits geschlechtsbezogen ist. Vor allem können dies sexuelle Anspielungen sein oder unangemessene körperliche Berührungen. Die Würde der belästigten Person wird verletzt, indem das Verhalten beleidigt, beschämt oder die andere Person erniedrigt. Jede sexuelle Belästigung ist am Arbeitsplatz verboten. Es ist hierbei egal, ob die verursachende Person die Belästigung beabsichtigt hat und die Belästigung erkennbar abgelehnt wurde.

Im Arbeitskontext steht sexuelle Belästigung in erster Linie im Zusammenhang mit Machtausübung und Zurschaustellung von Hierarchien. Sexuelle Belästigung kann dazu führen, dass die Arbeitsmotivation beeinträchtigt wird, Unkonzentriertheit vorherrscht und Betroffene krank werden. Dies geschieht vor allem dann, wenn Betroffene sich nicht trauen, sich zu beschweren oder die Beschwerde nicht ernst genommen wird. Sexuelle Belästigung schadet damit dem Betriebsklima insgesamt.

Herangehensweise

Deshalb gilt:

- Je früher die Beschwerde gemeldet wird, umso besser.
- Jeder einzelne Vorfall sollte von dem Betroffenen dokumentiert werden.
- Grundsätzlich gibt es Stellen, die Betroffenen Hilfe und Unterstützung anbieten. Innerhalb des Betriebs sind das
  - Sie als Führungskraft,
  - der Personal- oder Betriebsrat,
  - Gleichstellungsbeauftragte
  - oder die Personalabteilung.
- Außerhalb des Betriebs können Gewerkschaften, Anwälte, Beratungsstellen oder die Antidiskriminierungsstelle des Bundes weiterhelfen.
- Nehmen Sie jede Beschwerde sofort ernst und versuchen Sie, der betroffenen Person Hilfe anzubieten, indem Sie sie in die genannten Hilfestellungen weitervermitteln. Zudem kann über eine Freistellung oder Krankschreibung der/des Betroffenen nachgedacht werden, bis die Klärung des Vorfalls herbeigeführt wird. Denn oftmals besteht der Wunsch, der belästigenden Person nicht mehr zu begegnen.
- Alle Arbeitgeber sind verpflichtet, eine Beschwerdestelle für betroffene Beschäftigte einzurichten.
- Die Stelle bzw. Person (einschließlich Orte und Zeiten der Anlaufstellen) müssen allen Beschäftigten bekannt gemacht werden. Dies kann im Rahmen eines Team-Meetings geschehen und wirkt zudem präventiv.
- Jeder Beschwerde muss nachgegangen werden und Mitarbeitenden, die eine Beschwerde einreichen, dürfen daraus keine Nachteile entstehen.
- Für den Umgang mit sexueller Belästigung ist Vertraulichkeit eine wichtige Voraussetzung.

- Wenn der oder die Mitarbeitende einen nächsten Schritt ablehnt, muss dies entsprechend ernst genommen werden.
- Sie als Führungskraft haben eine Schutz- und Fürsorgepflicht.

Für den Gesprächsbeginn:
- Die oder der betroffene Mitarbeitende sollte ausreichend Zeit haben, den Vorfall zu schildern.
- Stellen Sie am Anfang wenige Fragen und unterbrechen Sie so wenig wie möglich.
- Holen Sie sich für Notizen vorher die Erlaubnis ein bzw. erklären Sie, wofür sie benötigt werden.

Für den Gesprächsverlauf:
- Thematisieren Sie Vertraulichkeit: Wie wird mit der Beschwerde umgegangen? Wer muss informiert werden?
  - Erfassen Sie den Vorfall so umfangreich wie möglich.
  - Klären Sie eigene Fragen.
  - Transparenz ist wichtig, damit keine Missverständnisse entstehen.
  - Machen Sie deutlich, dass detaillierte Angaben über Zeuginnen und Zeugen oder Gedächtnisprotokolle wichtig sind.

Sichern Sie Unterstützung zu:
- Signalisieren Sie, dass der Vorfall ernst genommen wird.

Machen Sie die nächsten Schritte transparent:
- Welche Informationen bekommt die beschuldigte Person?
- Welche Maßnahmen sind möglich und beabsichtigt?
- Weisen Sie auf externe Unterstützung durch Beratungsstellen, Familie und Nahestehende, Ärztinnen und Ärzte und therapeutische Fachkräfte hin.
- Führen Sie alle Verfahrensschritte nur in Rücksprache mit der betroffenen Person durch.
- Die betroffene Person sollte in jedem Fall informiert werden, bevor die beschuldigte Person mit den Vorwürfen konfrontiert wird.

Die Ziele des Personalgesprächs mit der beschuldigten Person sollten sein:
- Die sexuelle Belästigung am Arbeitsplatz thematisieren,
- Konfrontation mit den Vorwürfen,
- Stellungnahme zu den Vorwürfen.

(Quelle: Antidiskriminierungsstelle des Bundes, 2019)

Nehmen Sie eine klare Position ein

Im Gesprächsverlauf sollte eine klare Positionierung zu sexueller Belästigung am Arbeitsplatz eingenommen werden, auch Informationen über rechtliche Konsequenzen von sexueller Belästigung sollten genannt werden. Dann sollte die Konfrontation mit genauer Schilderung des Vorfalls erfolgen. Wie genau reagiert die Person auf die Vorwürfe? Ist sie überrascht oder gibt sie den Vorfall zu? Abschließend sollte ein Gesprächsvermerk angelegt werden und ggf. externe Ansprechpersonen hinzugezogen werden.

Präventiv können Sie als Führungskraft das Thema sexuelle Belästigung einfach generell ansprechen, beispielsweise durch Informationsschreiben oder indem Sie Informationsmaterial bereitstellen und aushändigen oder auch Beratungsstellen bekannt machen (Frauennotrufe, Opferschutzorganisationen, Antidiskriminierungsstelle des Bundes).

3.4.2 Handlungsleitlinie: Suchtprävention

Interventionen bei Auffälligkeiten im Arbeits- und Leistungsverhalten in Verbindung mit Suchtmittelkonsum, Medikamentengebrauch oder suchtbedingten Verhaltensweisen gehören noch immer zu den besonders herausfordernden Aufgaben der Personalführung. Aus der Perspektive betrieblicher Suchtprävention bietet ein Interventionskonzept mit einem Stufenplan für Sie als Führungskraft eine gute Orientierungshilfe.

Sprechen Sie Auffälligkeiten frühzeitig an

Dies gewährleistet ein höchst verbindliches, konsequentes Vorgehen. Auffälligkeiten frühzeitig anzusprechen, ist die beste Voraussetzung, um entsprechende Probleme aufzugreifen und deren Verhärtung zu umgehen. Ziel des Gesprächs sollte sein, die Mitarbeitenden mit den beobachteten Auffälligkeiten im Arbeits- und Sozialbereich zu konfrontieren. Je klarer und stichhaltiger dies geschieht, desto besser ist die Chance, dass sich die betroffenen Mitarbeitenden nicht länger „durchmogeln" können und sich motiviert zeigen, Hilfen in Anspruch zu nehmen.

Gespräch auf Augenhöhe

In der Regel leugnen Betroffene ihre Abhängigkeit. Führen Sie das Gespräch, ohne sich dadurch entmutigen zu lassen, auf Augenhöhe und unter vier Augen. Verdeutlichen Sie, dass der Suchtmittelmissbrauch die arbeitsvertraglichen Pflichten verletzt.

- Benennen Sie die Fakten: Sagen Sie der betroffenen Person so klar wie möglich, wie Sie sie erleben, seit wann und wie sie sich verändert hat.

- Äußern Sie Ihre Einschätzung, dass der Hintergrund für die beobachteten Verhaltensweisen der Suchtmittelkonsum darstellt.
- Sprechen Sie Ihre Erwartungen in Bezug auf das Arbeits- und Sozialverhalten konkret an.
- Signalisieren Sie, dass Sie zukünftig verstärkt auf dieses Verhalten achten und dies dokumentieren.
- Weisen Sie auf Beratungsmöglichkeiten hin und ermutigen Sie die betroffene Person dazu, sich Unterstützung zu holen. (Verweisen Sie auf die Suchthilfe, Selbsthilfegruppen sowie auf die Dienstvereinbarung „Betriebliche Suchtprävention".)
- Treffen Sie mit der betroffenen Person klare Absprachen.
- Vereinbaren Sie einen nächsten Gesprächstermin.
- Halten Sie alle Auflagen und Vereinbarungen schriftlich fest.
- Zeigen Sie die Konsequenzen auf: Das erste vertrauliche Gespräch hat noch keine personalrechtlichen Konsequenzen. Nichts wird an andere Stellen weitergegeben und es erfolgt keine Eintragung in die Personalakte. Führen Sie, wenn die oder der Mitarbeitende weiter unauffällig bleibt, für ein halbes Jahr lang alle zwei Monate ein Gespräch, um Rückmeldung zu geben und die Situation zu diskutieren.
- Sollte es erneut zu suchtbedingten Auffälligkeiten kommen, tritt die nächste Stufe in Kraft.
- In diesem Fall informieren Sie umgehend die daran beteiligten Gesprächsteilnehmenden und vereinbaren einen gemeinsamen Gesprächstermin.
- Ihr weiteres Vorgehen ergibt sich aus dem vorliegenden Konzept Ihres betrieblichen Stufenplans.

(Quelle: Universität Passau)

Gehen Sie möglichst stringent vor

Es ist äußerst wichtig, bei dem Thema Suchtmittelkonsum stringent vorzugehen. Lassen Sie keine unnötige Zeit vergehen, handeln Sie streng nach Terminkalender die Termine ab. Zeiten, die einfach verstreichen, nützen der betroffenen Person am wenigsten. Ein Stufenplanverfahren ist oftmals der einzige Weg, um die Sucht am Schopfe zu packen, denn die Angst vor dem Arbeitsplatzverlust führt dann doch so manches Mal zu einem veränderten Verhalten und dem Eingestehen der Sucht.

4 Kollegiale Fallberatung

Es ist nicht immer ganz leicht, stets auf die eigenen Ressourcen zurückgreifen zu müssen. Erst recht dann nicht, wenn Sie ernsten, heiklen Problemen begegnen, sich irgendwo festgefahren haben oder einfach nur absolutes Neuland betreten. Doch keine Sorge, Sie sind nicht allein. Warum nicht auf die wertvollen Erfahrungen und Einschätzungen von Kolleginnen und Kollegen zurückgreifen? Die Methode der Kollegialen Beratung ist ein erprobtes Mittel, sich ganz konkrete Hilfe aus der Gruppe nutzbar zu machen.

Kollegiale Beratung ist ein „Bildungsangebot, in dem Fälle aus der beruflichen Praxis der Teilnehmenden in einer Gruppe ohne offizielle Leitung beraten werden. Die Beratungen erfolgen in verteilten Rollen und werden anhand eines Ablaufschemas durchgeführt." (Westphal, 2016)
Die Methode eignet sich insbesondere für Berufsgruppen, die mit Menschen arbeiten, die führen, anleiten, beraten – die Interaktionsarbeit leisten. Vor allem unterstützt sie Führungskräfte dabei, Veränderungsschritte zu initiieren und zu begleiten. Es ergeben sich in der Zusammenarbeit mit Menschen immer wieder Situationen, die zu unerwarteten Schwierigkeiten, Kommunikationsproblemen und Konflikten führen. Diese Situationen können als „Fall" in die Kollegiale Beratung eingebracht und mit der Gruppe diskutiert werden.

Kollegiale Beratung hat den Vorteil, dass sie kostengünstig ist: Sie kommt nach der Einführung ohne externe Moderation aus, liefert sofort Lösungen für konkrete Probleme und hat zudem eine planbare Länge. Zudem ist kein großer organisatorischer Aufwand notwendig. Die Beratungsgruppe setzt sich aus drei bis zehn Personen zusammen, die im gleichen Unternehmen arbeiten können, aber nicht zwingend müssen. In jeder Beratungsgruppe gibt eine Person einen Fall in die Gruppe, der sogenannte Fallgeber oder Fallerzähler. Eine Person übernimmt die Moderation, die übrigen Mitglieder der Gruppe sind Beraterinnen und Berater. In jeder Runde wechseln diese Rollen. Das Ablaufschema wird zu Beginn durch die Gruppe vereinbart und strukturiert. Dadurch ist sichergestellt, dass das Thema intensiv bearbeitet wird. Die einzelnen Abläufe haben jeweils unterschiedliche Schwerpunkte (Westphal, 2016).

Das Ablaufschema wird in diesem Kapitel noch genauestens geschildert (Seite 138 f.).

Nutzen der Kollegialen Beratung

Die Kollegiale Beratung ist eine Methode, die insgesamt einen großen Nutzen für aktuelle Problemsituationen bereithält:

- Sie bietet eine Anleitung zur Selbstreflexion der Führungskraft.
- Sie etabliert eine Kultur des Voneinander- und Miteinanderlernens.
- Sie ermöglicht zielgerichteten Austausch und Nutzen von vorhandenem Wissen im eigenen Unternehmen – oder nutzt Wissen aus externen Unternehmen.
- Die Kollegiale Beratung ermöglicht methodische Begleitung zur Entwicklung von Resilienz.
- Sie zeichnet sich durch Flexibilität und Praxisbezug aus.
- Besonders hilfreich ist ihre schnelle Wirksamkeit: Sie gilt als eine Art Soforthilfe.
- Der Austausch bewirkt in der Regel gute Chancen auf eine Veränderung von unerwünschten Kontextbedingungen.

Doch wie entstehen die meisten Reibungen zwischen agierenden Personen? Und was kann man präventiv dagegen tun? Auf diese Fragen findet das nächste Kapitel mit zwei Modellen aus der Transaktionsanalyse eine Antwort.

4.1 Kommunikationsspiele erkennen und „drehen“

Konzepte aus der Transaktionsanalyse

Bevor Sie einen Vorschlag zur konkreten Umsetzung der Kollegialen Fallberatung kennenlernen, lohnt sich ein Blick auf das Drama-Dreieck und dessen Gegenentwurf, das Gewinner-Dreieck. Konflikte entstehen im Umgang miteinander. In Gesprächen, die sich zu Konflikten hochschrauben, nehmen die beteiligten Personen gerne manipulative Rollen ein, die die Dinge zuspitzen können. Es entstehen psychologische Spiele. Dummerweise werden eingenommene Positionen genauso schnell gewechselt, wenn es für die Personen von Vorteil ist. Das kann die Konfliktsituation deutlich anheizen. Diese Spiele zu erkennen und sich nicht davon vereinnahmen zu lassen, ist die hohe Kunst.

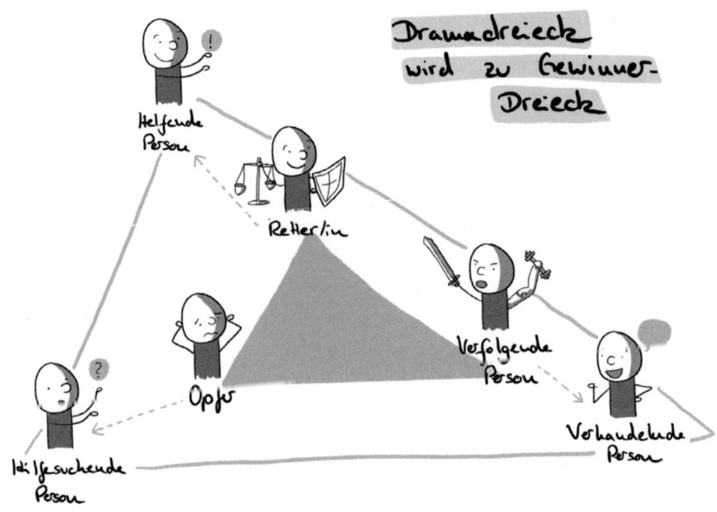

Das Drama-Dreieck

Das Drama-Dreieck ist ein Konzept der Transaktionsanalyse (TA). Die Kenntnis über dieses Modell bringt Sie in die positive Lage, Konfliktpotenzial schon vor der Entstehung von einem möglichen Streit zu erkennen. Es zeigt auf, wie man Konflikten bereits im Vorfeld aus dem Weg gehen kann. Zudem bietet es Strategieansätze, wie man lernen kann, aus einem Konflikt auszusteigen, wenn man rechtzeitig erkennt, dass man sich bereits auf dem Weg ins „Drama“ befindet. Dreht man die „Drama"-Perspektive um, können mithilfe des „Gewinner-Dreiecks" Schwächen zu Stärken umgenutzt werden.

Drei Rollen machen das Geschehen zum Drama

Beginnen wir mit dem Drama-Dreieck. In jedem Theaterstück finden sich typischerweise drei Rollen (Positionen), die das Geschehen zum Drama machen:

- Die Retter-Position,
- die Verfolger-Position und
- die Opfer-Position.

Dieselbe Konstellation findet sich oft in Kommunikationssituationen. Ein „Opfer" gibt sich als schwach und hilflos. Es wird von einem „Verfolger" angegriffen, der gelernt hat, sich dominant durchzusetzen. Ein „Retter" greift vordergründig selbstlos ein, um das Opfer aus der vermeintlich schutzbedürftigen Lage zu retten. Und schon verstrickt man sich in unheilvolle Beziehungs- und Kommunikationsmuster.

Der „Verfolger" handelt überlegen und setzt anderen zu. Er denkt über sich: „Ohne mich läuft hier nichts." Er kommuniziert aus der Haltung: „Ich bin o.k. Du bist nicht o.k."

Der „Retter" handelt auch überlegen und bietet Hilfe an. Er denkt über sich: „Gut, dass es mich gibt." Er nimmt die Haltung ein: „Ich bin o.k. Du bist nicht o.k."

Das „Opfer" handelt unterlegen und wirkt passiv. Hierdurch übernimmt es wenig Verantwortung für das Geschehen und hat das Gefühl: „Alleine schaffe ich es nicht." Es hat die Haltung: „Ich bin nicht o.k. Du bist o.k." (Raebricht & Taglieber, 2017)

Plötzliche Rollenwechsel

Bei psychologischen Beziehungsspielen kommt es gerne zu plötzlichen Rollenwechseln. Wenn das Opfer beispielsweise nicht den Eindruck hat, dass der Retter seiner Rolle wunschgemäß nachkommt, kann es blitzartig mit bissigen Kommentaren zum Verfolger werden: „Das hat ja bisher noch überhaupt nichts gebracht ...". Das könnte beispielsweise den Retter veranlassen, nun in die Rolle des Verfolgers zu springen: „Sie sind aber auch wirklich schwer von Begriff ..." Der Verfolger wiederum könnte beispielsweise in eine Opfer-Rolle wechseln, indem er behauptet: „Aber ich wollte doch nur helfen ..."

Das Ziel sollte sein, Konstellationen dieser Art Kommunikation zu erkennen und sich außerhalb des Drama-Dreiecks zu bewegen, also neutral zu bleiben. Dies beinhaltet zum einen, dass man durch das eigene

Verhalten keine anderen Personen zum Drama einlädt und wiederum nicht auf Einladungen von anderen eingeht, am Drama mitzuspielen.

Das Gewinner-Dreieck

Aceh Choy

Ist man dennoch im unerwünschten Drama-Dreieck verstrickt, bietet das Modell des Gewinner-Dreiecks von Aceh Choy mit einem Perspektivwechsel den passenden Ausweg aus dem Konflikt und sogar die Option, eine Konfliktlösung herbeizuführen. Gelingt es, aus der jeweiligen Perspektive des Drama-Dreiecks umzukehren in Richtung des Gewinner-Dreiecks, hat dies zur Folge, dass die vermeintlichen Schwächen zur Stärke werden und sinnvoll eingesetzt werden können.

Wichtig ist, zu erkennen, wo man sich in einem schwierigen Kommunikationsverlauf gerade befindet – und Neutralität zu bewahren, um von vornherein die Dynamiken des Drama-Dreiecks einzudämmen. So kann aus einer anfänglich brenzligen Situation ein positives Zusammenspiel entstehen, und Kommunikationsprobleme entstehen erst gar nicht.

Nach dem Gewinner-Dreieck wird der Retter zum „unterstützenden Helfer“:

- Er/sie ist sorgfältig und bezieht sich auf andere,
- geht keine Symbiose ein,
- bleibt bei sich und
- grenzt sich ab.

Der Retter sollte daher nicht Lösungen anbieten, sondern das Opfer ermuntern, aus eigener Kraft heraus eine Lösung für das Problem zu finden.

Der Verfolger wird zum Konfrontierer, zum „Verhandler“:

- Er/sie behauptet sich selbst,
- ist selbstbewusst,
- kann die eigenen Interessen vertreten,
- kann Nein sagen,
- ist tolerant,
- gibt konstruktives Feedback.

Der Verfolger sollte daher nicht Schuld zuweisen, sondern besser unterstützen und seinen eigenen Beitrag zur gemeinsamen Problemlösung anbieten.

Das Opfer wird zum Hilfesuchenden:

- Er/sie ist empfindsam und verletzlich,
- löst Probleme aus den jetzigen Möglichkeiten heraus,
- nimmt Schmerz und Trauer an,
- ist aktiv,
- bittet um Hilfe wo nötig,
- schiebt nicht ab.

Das Opfer sollte statt zu jammern besser die Verantwortung für die eigenen Gefühle übernehmen.

4.2 In 10 Schritten durch die Kollegiale Beratung

Es gibt bewährte Wege, methodisch durch die Kollegiale Fallberatung zu führen. Dies ist vor allem dann hilfreich, wenn man zeiteffizient Ergebnisse erzielen möchte. Eine praktische Variante bietet das Heilsbronner Modell zur kollegialen Beratung. Es wurde vom Institut für kollegiale Beratung entwickelt und gilt als erprobte Anleitung, um in eigenen Arbeitszusammenhängen Beratungsarbeit zu praktizieren.

Eine Anleitung nach dem Heilsbronner Modell

Die folgenden zehn Schritte nach dem Heilsbronner Modell können Ihnen als Anleitung für den Durchführungsprozess der Kollegialen Beratung dienen.

Schritt 1

Festlegung des Falls und der Leitung (5-10 Minuten)

- Zu Beginn wird vereinbart, wer die Gruppe leitet. Die Leitung hat die Aufgabe, die zehn Schritte zu moderieren. Sie muss den Beginn und das Ende einläuten, den zeitlichen Ablauf strukturieren, Übergänge schaffen. Zudem beteiligt sich die Leitung als Berater/in.
- Im ersten Schritt wird auch entschieden, wer Fallgeber/in ist, das heißt, wessen Fall bearbeitet werden soll. Hierfür muss genügend Zeit berücksichtigt werden.
- Nach jedem Fall wechselt die Leitung.

Schritt 2

Die Problemsituation wird vorgetragen (10 Minuten)

- Der/die Fallgeber/in stellt das Problem so fokussiert wie möglich dar.
- Die oder der Vortragende spricht allein und darf nicht unterbrochen werden. Die Teilnehmenden folgen aufmerksam und konzentriert, achten auf die Stimme, Haltung, den Tonfall, die Körpersprache und die Reihenfolge der Informationen und eigene Empfindungen.

Schritt 3

Nachfragen (5 Minuten)

- Die Teilnehmenden haben die Möglichkeit, Informations- und Verständnisfragen an den/die Fallgeber/in zu stellen.
- Nur Fragen sind erlaubt, es darf keine Diskussion entstehen.

Schritt 4

Sammeln von Einfällen (10 Minuten)

- Die Gruppe sammelt Assoziationen, Empfindungen, Fantasien, Metaphern, die die Darstellung des Falls bei ihr ausgelöst hat.
- Fragen wie „Mit wem identifiziere ich mich am meisten?“, „Warum?“, „Was hat die Darstellung des Falls bei mir ausgelöst?“ können hierbei hilfreich sein. Lösungsvorschläge werden an diesem Punkt noch nicht eingebracht!
- Der/die Fallgeber/in hält sich während dieser Phase vollkommen zurück, auch wenn es schwerfällt, nicht sofort etwas richtigstellen zu können. Er/sie soll all das aufnehmen, was die Gruppe an Einfällen zu seiner/ihrer Situation hat.

Schritt 5

Rückmeldung des Fallgebers/der Fallgeberin (5 Minuten)

- Der/die Fallgeber/in sagt, was er/sie von den vorgebrachten Gedanken und Einfällen für sich nutzen kann und was wiederum nicht brauchbar ist.
- Die Gruppe hört dabei still zu.

Schritt 6

Sammeln von Lösungsvorschlägen (10 Minuten)

- Die Gruppe trägt aus ihrem eigenen Erfahrungswissen Lösungsmöglichkeiten zusammen.
- Auch hier hält sich der/die Fallgeber/in vollkommen zurück und nimmt das auf, was gesagt wird.

Schritt 7

Rückmeldung des Fallgebers/der Fallgeberin (5 Minuten)

- Der/die Fallgeber/in sortiert das Gehörte und sagt auch hier, welche Fakten brauchbar sind und was ihm/ihr nicht brauchbar erscheint.
- Die Gruppe hört still zu.

Schritt 8

Allgemeiner Austausch (10 Minuten)

- Es folgt ein gemeinsames Gespräch und auch ein Austausch über Sachverhalte, die unklar geblieben sind. Das Ziel ist, vertiefende Lösungsvorschläge zu erarbeiten und erste Schritte für die Veränderung der Problemsituation zu planen.

Schritt 9

Abschlussrunde (5-10 Minuten)

- Reihum nennt jedes Gruppenmitglied eine Situation, in der es ähnliche Erfahrungen gemacht hat. Diese Runde hat die Funktion, die Gruppe zu entlasten und zu verbinden.

Schritt 10

Feedback (10 Minuten)

- Die Leitung der Sitzung erhält ein Feedback.
- Der/die Fallgeber/in erhält ebenfalls ein Feedback.
- Es werden Feedbacks innerhalb der Gruppe gegeben.
- Es finden Absprachen für die nächste Sitzung statt.

Wichtig für den Verlauf ist, sich zeitlich und inhaltlich genau an die zehn Schritte zu halten. Nur so ist ein effektives und gewinnbringendes Ergebnis möglich. Nachdem man es ein bis zwei Mal durchgeführt hat, entsteht eine Routine im Prozess der Kollegialen Beratung. Zudem ist das Modell zeitlich genau einschätzbar und zielorientiert. Eine Moderation von außen wird nicht benötigt. Der kollegiale Austausch wird gefördert und die Möglichkeit geboten, im vertrauten Rahmen eine Problematik zu schildern und diese zu beheben. Eine rundum gewinnbringende Methode!

4.3 Nützliche Fragen für den kollegialen Beratungsprozess

Steigen Sie mit Fragen in den Beratungsprozess ein. Hier eine nützliche Auswahl (Nowoczin, 2012):

Fragen zum Problem

- Woran merkt man das Problem am meisten?
- Wie könnte sich das Problem noch verschlimmern?
- Was müssten Sie oder andere tun, um das Problem noch zu verschlimmern?
- Wer hat das größte Interesse daran, das Problem zu lösen?

Fragen zur Lösung

- Was wurde schon getan, um das Problem zu lösen?
- Wer kann am meisten zur Problemlösung beitragen?
- Gab es schon ähnliche Probleme?
- Was hat damals geholfen?
- Was würde passieren, wenn das Problem gelöst wäre?

Fragen nach Ausnahmen

- Was ist anders, wenn das Problem nicht in Erscheinung tritt?

Die Wunderfrage

- Angenommen, über Nacht geschieht ein Wunder, Sie wachen auf und das Problem ist gelöst ...
  - Wie fühlen Sie sich?
  - Was werden Sie tun? Wie werden Sie es tun?
  - Was müssten andere oder Sie tun, um das Wunder wieder ungeschehen zu machen?

Skalierungsfragen

- Auf einer Skala von 1-10, wobei 10 große Zuversicht und 1 keine Zuversicht heißen soll, dass das Problem gelöst wird: Wo ordnen Sie es an? Warum nicht höher/niedriger?
- Auf der gleichne Skala, bezogen auf Ihren Willen zur Veränderung: Wo würden Sie sich einordnen? Wo andere Beteiligte?

Zu Beginn oder zum Ende einer Kollegialen Beratung

- Was nehmen Sie mit?
- Was ist anders, wenn das Gespräch nützlich war?
- Woran werden andere merken, dass es Ihnen besser geht?

Service

Stichwortverzeichnis

Downloadverzeichnis

Die Download-Dokumente finden Sie im Inhaltsverzeichnis auf Seite 7 aufgelistet.

Den Link zu den Download-Ressourcen finden Sie in der inneren Umschlagklappe.